MANUEL PRATIQUE

DE TRACTION

DES

TRAMWAYS ÉLECTRIQUES

MANUEL PRATIQUE

DE TRACTION

.DES

TRAMWAYS ÉLECTRIQUES

Matériel roulant.
Matériel électrique. — Entretien de Matériel.
Ateliers et Dépôts. — Lignes aériennes. — Voies. — Exploitation.
Annexes.

PAR

GEORGES DAUSSY

Chef d'atelier et du matériel de l'exploitation
des tramways électriques de Toulon.

————◊————

PARIS

LIBRAIRIE BERNARD TIGNOL

PUBLICATIONS DE LA

Librairie de l'École Centrale des Arts et Manufactures

53 *bis*, QUAI DES GRANDS-AUGUSTINS, 53 *bis*

——

PRÉFACE

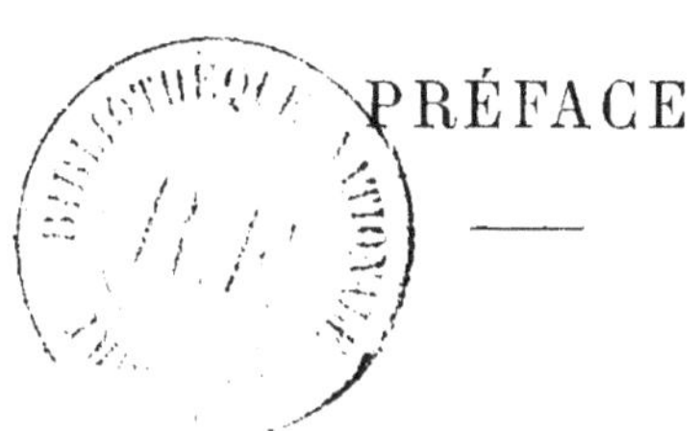

—

Le Manuel pratique que nous présentons est à la portée de tous ceux qui s'intéressent à la Traction des Tramways électriques.

C'est un guide de vulgarisation essentiellement technique basé sur l'expérience et la pratique.

Il traite spécialement la construction, le montage, le fonctionnement du matériel et les nombreuses dispositions d'atelier qui sont nécessaires à l'entretien du tramway moderne.

Tout en construisant la voiture, chapitre par chapitre, cet ouvrage habille progressivement le tramway, le munit de tous ses accessoires et appareils et le met en mouvement pour en faire la belle voiture qui circule sur nos voies.

Restant toujours sur le terrain de la pratique et n'abusant ni de chiffres, ni de formules, nous souhaitons à tous ceux qui nous liront de puiser dans cet ouvrage tous les renseignements dont ils pourront avoir besoin.

GEO DAUSSY.

DE TRACTION

DES

TRAMWAYS ÉLECTRIQUES

CHAPITRE PREMIER

MATÉRIEL ROULANT

CAISSES DES VOITURES AUTOMOTRICES

Caisses. — Détails à donner dans la commande d'une caisse. — Construction d'une caisse. — Comparaison. — Caisses d'automotrices de chemin de fer. — Choix des caisses.

Caisses. — Elles se construisent sous beaucoup de formes et avec des types bien différents.

Fig. 1. — Intérieur à banquettes transversales.

A l'heure actuelle, beaucoup de compagnies ont adopté le type de caisse avec banquettes transversales (fig. 1), disposition qui donne plus d'aisance aux voyageurs, et qui se rapproche beaucoup de celle des chemins de fer.

La caisse avec banquettes longitudinales (fig. 2) est aussi d'une construction courante, et présente des avantages sur la précédente au point

Fig. 2. — Intérieur à banquettes longitudinales.

de vue de l'entretien des moteurs, en raison de la place dont on dispose pour intercaler les panneaux de visite.

Suivant le type du moteur à adopter, l'on doit, avant de faire construire la caisse, soumettre une étude de l'encombrement des moteurs au constructeur, afin que ce dernier combine les assemblages du plancher pour l'aménagement des panneaux de visite.

Ces panneaux devront se trouver bien en regard des moteurs (fig. 3),

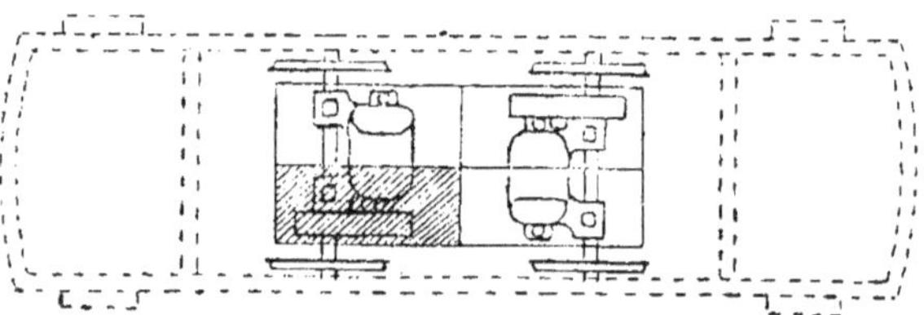

Fig. 3. — Emplacement des panneaux de visite.

et pouvoir s'ouvrir facilement. Il est essentiel d'insister sur ce dernier point qui est très important pour la visite et l'entretien des moteurs.

On devra également soumettre au constructeur le type du truck à adopter pour que l'étude de la suspension et de la fixation soit bien comprise, de sorte qu'au montage de la caisse sur le truck, ces deux appareils se présentent bien en regard l'un de l'autre et à leur place respective.

Les encombrements du freinage, du sablage, de l'attelage et des divers appareillages situés au-dessous de la caisse, devront être bien étudiés et leurs emplacements bien définis à l'avance.

Nous allons maintenant donner quelques notes relatives à la commande d'une caisse de tramway.

Détails à donner dans la commande d'une caisse. — Les caisses qui se construisent le plus couramment sont celles que nous représentons figures 4, 5 et 6.

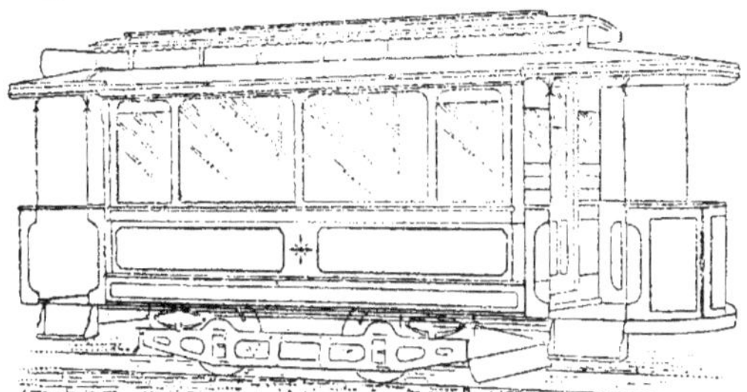

Fig. 4. — Voiture à caisse fermée ordinaire.

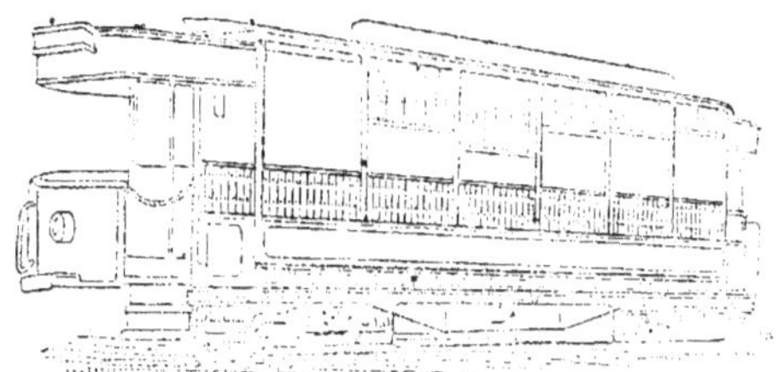

Fig. 5. — Voiture à caisse ouverte.

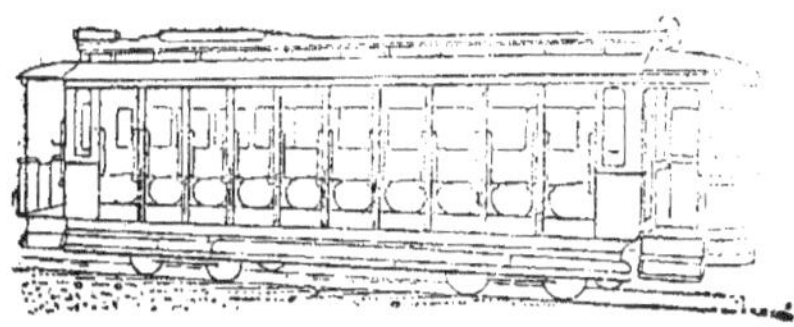

(*Tenue d'hiver*).   (*Tenue d'été*).

Fig. 6. — Voiture à caisse convertible.

En commandant une caisse, il est bon de donner les renseignements suivants :

1° Nombre de places à l'intérieur et à l'extérieur ;
2° Poids approximatif ;

3° Longueur, largeur et hauteur de la caisse ;

4° Forme de la toiture de la caisse, avec pavillon cintré (fig. 7), rond (fig. 8) ou carré (fig. 9) ;

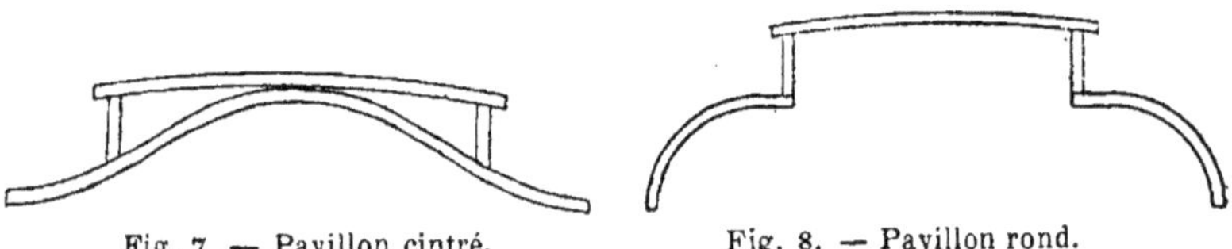

Fig. 7. — Pavillon cintré.   Fig. 8. — Pavillon rond.

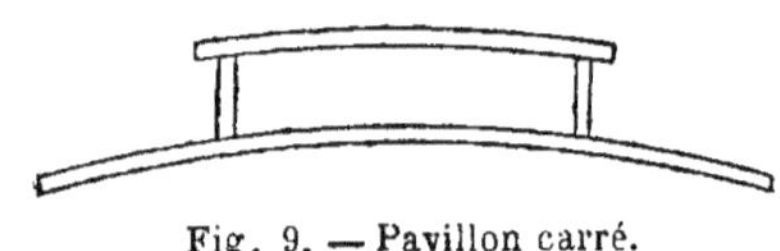

Fig. 9. — Pavillon carré.

5° Nombre de petits châssis d'aération au lanterneau ;

6° Disposition des banquettes ;

7° Forme des tabliers ;

8° Coupe du côté de la caisse ;

9° Nombre de grands panneaux de côté ;

10° Nombre de classes ;

11° Genre de suspension des portières, mode de fermeture ;

12° Dimension et nombre de glaces de côté de caisse ;

13° Disposition des châssis, genre vasistas ou fixe ;

14° Stores, leur système ;

15° Disposition des feux de route ;

16° Disposition des banderoles de têtes : simples ou lumineuses ;

17° Grande banderole indicatrice de côté, mode de fixation ;

18° Attelage pour remorques, son dispositif ;

19° Forme des marchepieds, leur hauteur ;

20° Sablières, leur système ;

21° Disposition pour recevoir la base de trolley. Son mode de fixation à la toiture de la voiture ;

22° Tampons de choc, en bois ou métalliques, avec ou sans ressorts ;

23° Sonneries d'appel, à déclanchement, à courroie ou électriques ;

24° Mains-courantes d'intérieur ;

25° Filets à bagages ;

26° Fermetures des entrées de plate-forme, à chaîne ou à portière en fer, et tous autres détails que l'on jugera nécessaire d'indiquer.

Sur ces indications, le constructeur soumettra des plans qu'il sera toujours bon de vérifier point par point ; car ce n'est pas le travail terminé, que l'on doit s'apercevoir des imperfections apportées dans la construction.

Construction d'une caisse. — Nous représentons figures 10, 11 et 12 l'assemblage de la carcasse d'une caisse à deux classes.

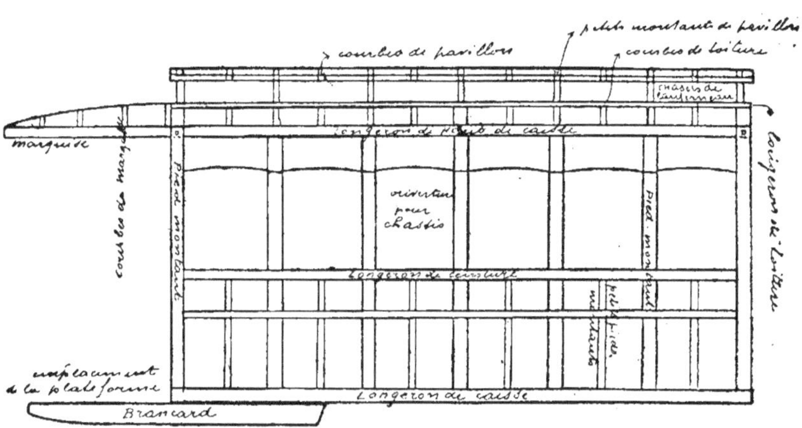

Fig. 10. — Assemblage de la carcasse.

Le châssis du bas, sur lequel repose toute la charpente de la caisse, est constitué par deux longerons reliés entre eux par trois traverses.

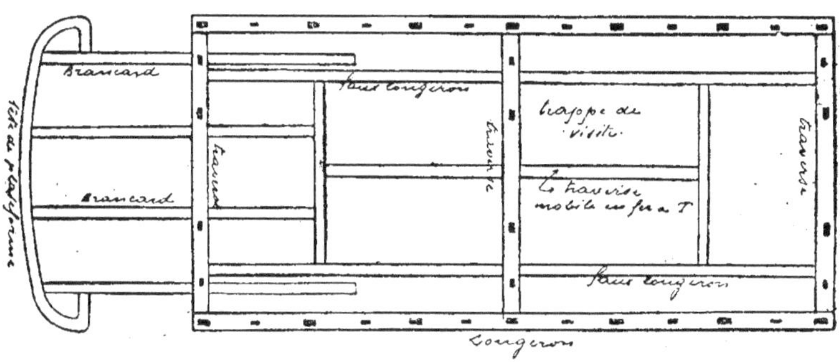

Fig. 11. — Assemblage du plancher.

L'emplacement des trappes de visite est obtenu au moyen de faux longerons.

Quant aux plates-formes qui sont indépendantes, elles sont solidement maintenues par des brancards.

Toute la charpente est consolidée par des tirants et des équerres en fer. Il en est de même pour tous les assemblages de la ceinture et de la toiture.

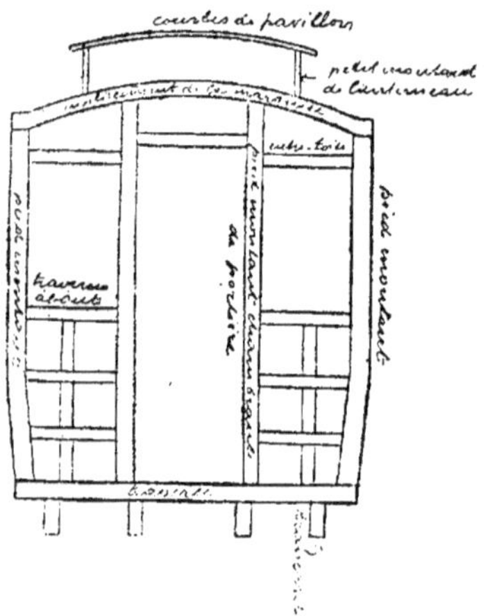

Fig. 12. — Assemblage des abouts.

Nous donnons à titre de renseignement les fournitures et la main-d'œuvre approximative qui rentrent dans la construction d'une caisse de ce genre.

Matières.

Chêne	20	Frêne	10
Chêne	15	Frêne	12
Fer à U	30	Frêne	20
Chêne	15	Frêne	18
Chêne	10	Frêne	12
Frêne	6	Frêne	8
Frêne	10	Fer à U	26
Frêne	10	Fer à U	22
Frêne	5	Fer à U	5
Frêne	15	Cornière	3
Frêne	15	Cornière	2
Frêne	12	Cornière	3
Frêne	6	Cornière	3
Frêne	20	Fer à U	20
Frêne	18	Chêne	30
Frêne	12	Tôle acier	5
Frêne	10	Fer plat	4
Frêne	14	Fer plat	6

Fonte	4	Pitchpin	40	
Fer à T.	6	Toile à voile	36	
Fer plat	6	Frêne	32	
Fer plat	4	Frêne	14	
Fer plat	8	Pitchpin	20	
Tôle acier	14	Frêne	8	
Fer plat	8	Frêne	16	
Tôle, tube, fer et divers.	20	Teck et pitchpin	45	
Tôle et fers divers	28	Acajou.	60	
Tôle, fers et boulons divers	50	Acajou, teck, pitchpin.	100	
Bois et ferrures.	10	Acajou.	60	
Tôle.	2	Frêne	6	
Tube cuivre rouge	50	Tôle planée	20	
Bois et ferrures.	10	Tôle planée	30	
Fer	4	Fer rond.	20	
Fer plat	30	Fer rond.	10	
Rivets divers.	25	Fer plat	5	
Tube caoutchouc.	14	Tôle planée et fer demi-rond.	40	
Chêne	10	Tôle planée	10	
Planches bois du nord.	19	Tôle planée	10	
Planches bois du nord.	15	Acajou.	20	
Planches sapin	10	Chêne et frêne	50	
Chêne	20	Fer-blanc et lentilles	20	
Frêne	6	Acajou.	6	
Sapin	6	Total des matières. .	1.522	

Salaires.

Façon et pose de 2 longerons de bas de caisse	20	Façon et pose de 3 montants côté battant portière	12
Façon et pose de 3 traverses entretoisant les longerons .	15	Façon et pose de 6 montants côté logement de portière .	18
Ajustage et pose de 2 longerons en fer à U.	20	Façon et pose de 12 petits pieds-montants.	30
Façon et pose de 2 faux longerons.	15	Façon et pose de 6 petits pieds-montants abouts et cloison de caisse.	15
Façon et pose de 2 traverses de faux longerons.	10	Façon et pose de 4 longerons de ceinture.	25
Façon et pose de 14 petits montants de caisse	90	Façon et pose de 18 traverses abouts et cloison de caisse.	20
Façon et pose de 2 longerons de haut de caisse	25	Façon et pose de 2 longerons de toiture	25
Façon et pose de 2 cintres abouts dè caisse	10	Façon et pose de 10 courbes de toiture.	20
Façon et pose d'un cintre médian de caisse	5	Façon et pose de 14 petits	

Façon et pose de 2 abouts de lanterneau	15	Façon et pose de 10 panneaux abouts de caisse	20
Façon et pose de 4 tambours de roues	6	Façon et pose de 4 panneaux de côté	20
Façon et pose des voliges de la toiture et des marquises	30	Façon et pose de 8 montants de plate-forme	100
Pose d'une toile sur la toiture	10	Façon et pose de 12 chandeliers de plate-forme	35
Façon et pose de 16 montants de banquettes	16	Façon et pose de 2 mains-courantes	5
Façon et pose de 8 longerons de banquettes	16	Façon et pose de 2 tabliers de plate-forme	60
Façon et pose des voliges de banquettes	10	Façon et pose de 4 panneaux de côté de plate-forme	20
Façon et pose de 4 dossiers de banquettes	10	Façon et pose de 2 panneaux haut de caisse	20
Façon et pose de 16 pieds de banquettes	16	Façon et pose de 2 mains-courantes de tabliers	20
Façon et pose de 3 portières	60	Façon et pose des diverses moulures d'extérieur	200
Façon et pose de 9 châssis abouts et cloison de caisse	90	Façon et pose de 2 lanternes pour feux de route	30
Façon et pose des moulures et panneaux d'intérieur	400	Façon et pose de 2 mains-courantes d'intérieur	20
Façon et pose de 12 châssis de vasistas	180	Total des salaires	2.386
Façon et pose de 12 châssis de lanterneau	30		

Total général 3.908

Nous donnons plus loin le complément du prix total.

Au montage, nous recommandons de peindre tous les assemblages et les ferrures intérieures à la céruse, avant de les mettre en place.

Il doit en être de même pour les panneaux en tôle, qui doivent être peints au minium avant leur fixation définitive.

Le clouage de ces panneaux doit toujours être exécuté en partant du milieu, de façon à ce que l'allongement de la tôle se fasse par les extrémités, et qu'il n'y ait pas de plis sur la longueur une fois le panneau fixé.

Le roulement des portières s'effectue généralement sur rail, et ce roulement doit être très doux.

Pour la fixation des glaces dans les différents châssis, nous conseillons de faire l'emmanchement au feutre ; l'économie de glaces qui en résulte n'est plus à contester.

Les garnitures de caisse sont généralement appropriées au luxe et au confort intérieur.

Ces garnitures sont :

Fermetures et équerres de châssis.

Supports de filets à bagages.

Supports de mains-courantes d'intérieur.

Montures de stores.

Sonneries d'appel.

Protecteurs pour glaces de châssis de plates-formes.

Montures de timbres avertisseurs.

Coussins de banquettes, etc.

Nous ajouterons aux matières et salaires trouvés plus haut dans le détail de la construction :

1° 892 francs pour les garnitures ci-dessus désignées ;

2° 400 francs pour la peinture complète avec filets et inscriptions.

3° 300 francs pour imprévus divers ;

Le total trouvé nous donne 5.500 francs, chiffre que nous pouvons considérer comme prix de base.

Il est bien entendu que pour l'exécution de tous ces travaux, les matériaux ont été prévus de première qualité, et les bois très secs, sans aubier.

Comparaison. — Le prix des caisses de tramways varie suivant le luxe et les dispositions spéciales que l'on veut adopter.

Ainsi, comme comparaison avec la caisse que nous venons de décrire

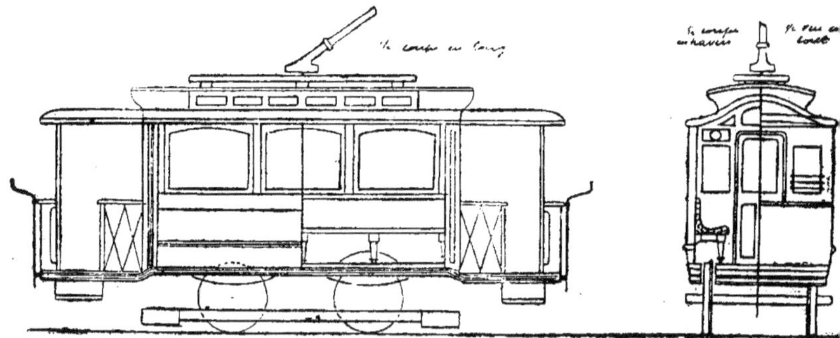

Fig. 13. — Voiture fermée à classe unique.

et pour un nombre de places égal, nous pouvons donner quelques détails sur une caisse à classe unique (fig. 13), à banquettes longitudinales et d'un intérieur simple.

Son prix de revient est de 3.800 francs.

Cette caisse proprement dite repose sur deux longerons en fer à U, qui vont d'un bout à l'autre du véhicule, épaulés aux abouts de la caisse pour donner accès aux plates-formes.

Le nombre de places est de 18 à l'intérieur et de 30 à l'extérieur, soit un total de 48 places.

Le poids approximatif est de 3.500 kilos, et le prix est bien inférieur à celui de la première, quoiqu'elle soit appelée à faire le même usage.

Caisses d'automotrices de chemins de fer. — Nous donnons quelques détails sur les caisses qui reposent sur des trucks à bogies.

Ces caisses, qui sont de même construction que les autres, doivent subir un renforcement sur la longueur.

On ajoute généralement des longerons supplémentaires, et on leur donne des dimensions plus fortes. Tout l'assemblage de charpentage du dessous est renforcé, et on y ajoute généralement des ridoirs. Ces ridoirs ont pour but de soutenir et de donner de la rigidité sur la longueur de la caisse.

Le prix de ces voitures est variable avec la longueur, le poids, le luxe et les dispositions spéciales que l'on veut adopter.

Choix des caisses. — Ce travail, qui demande une étude approfondie, dépend :

1° De la longueur de la ligne ;

2° Du trafic des voyageurs;

3° Des habitudes du public ;

4° Du climat.

Si, par exemple, le climat est froid et pluvieux, il est bon de prévoir un grand nombre de places d'intérieur, tout en ayant soin de donner des dimensions spacieuses aux plates-formes pour que le dégagement des voyageurs se fasse rapidement aux stations.

Ce point est essentiel pour l'exploitation si l'on considère la vitesse prévue et le temps fixé pour effectuer un voyage.

En Amérique, afin de rendre l'arrêt le plus court possible, on a adopté dans plusieurs villes le type de voiture demi-ouverte, demi-fermée (fig. 14). Ces voitures, fort appréciées du public, remplacent avantageusement les voitures à impériale, dont l'accès et le dégagement sont très défectueux.

A notre avis, la voiture légère à 2 essieux rigides est celle qui doit être choisie. Elle est en France la voiture type.

Au moment où le trafic des voyageurs devient plus intense, on peut faire remorquer à cette automotrice une ou deux voitures d'attelage suivant les besoins du service.

Pour la rapidité des parcours à exécuter, nous conseillons d'établir des arrêts soit fixes, soit facultatifs, car l'arrêt au gré du voyageur entraîne une perte de temps très appréciable, et s'oppose à un horaire fixe.

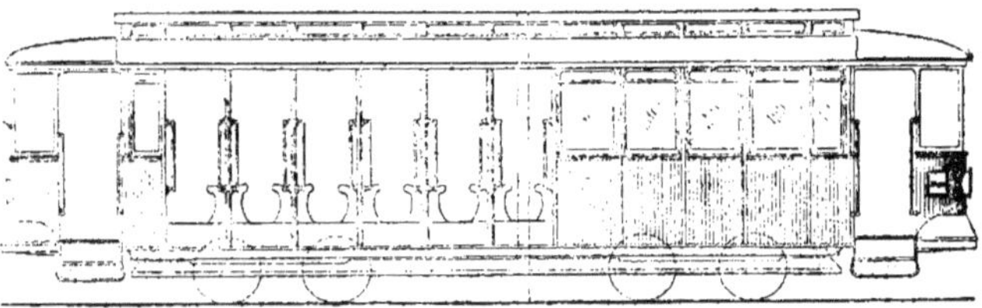

Fig. 14. — Voiture mixte.

Quant aux voitures montées sur bogies, elles ne doivent être à notre avis employées que sur les réseaux à grand trafic et sur les lignes suburbaines.

TRUCKS DES VOITURES AUTOMOTRICES

Description. — Trucks à essieux rigides. — Truck Peckham. — Truck Brill. — Truck genre Taylor. — Prix et poids des trucks. — Essieux et roues. — Roues en fonte trempée.

Description. — Les trucks se composent généralement de deux longerons en fer à U entretoisés par des fers semblables qui eux-mêmes sont reliés aux longerons par des goussets en tôle d'acier.

Le tout rivé ensemble forme une espèce de châssis rigide qui doit résister aux chocs pendant la marche.

Les plaques de garde servant de glissières aux boîtes d'essieu y sont solidement fixées et sont entretoisées entre elles par des tubes, de sorte qu'aux à-coups produits par les courbes et les aiguillages elles ne jouent pas et maintiennent le plus possible le parallélisme des deux essieux.

Le jeu latéral entre le bout de la fusée de l'essieu et la butée de la boîte ou du coussinet est nécessaire pour avoir une inscription facile dans les courbes.

Les suspensions qui sont faites au moyen de ressorts à lames superposées (fig. 15) ou de ressorts à boudin (fig. 16) doivent avoir leur emplacement bien défini. Le point de fixation de ces ressorts doit être bien étudié tant pour les ressorts du truck que pour ceux qui doivent supporter la caisse, car le mauvais emplacement de ces derniers entraînerait une très mauvaise marche de la voiture et des cahotements continuels.

Le truck doit être absolument indépendant de la caisse et tous les organes à visiter tels que : Engrenages, coussinets de suspension, moteurs, butées, roues, etc. doivent être bien à découvert afin qu'on puisse accéder facilement en tous les points sans rien démonter de la charpente.

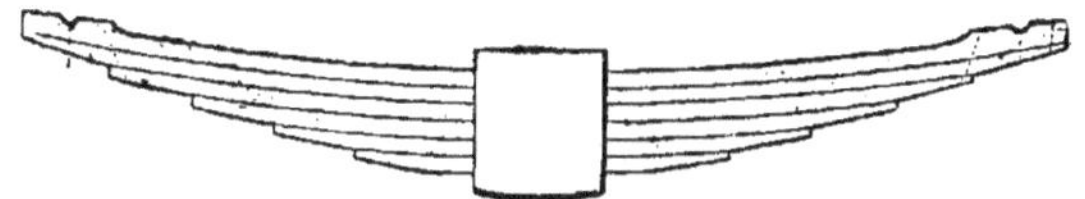

Fig. 15. — Ressort de suspension à lames superposées.

L'empattement des roues varie ordinairement entre 1 m. 600 et 2 m. 150. Au-dessus de ce chiffre on emploie les truks doubles dits à bogies. Cette disposition permet une inscription plus facile dans les courbes.

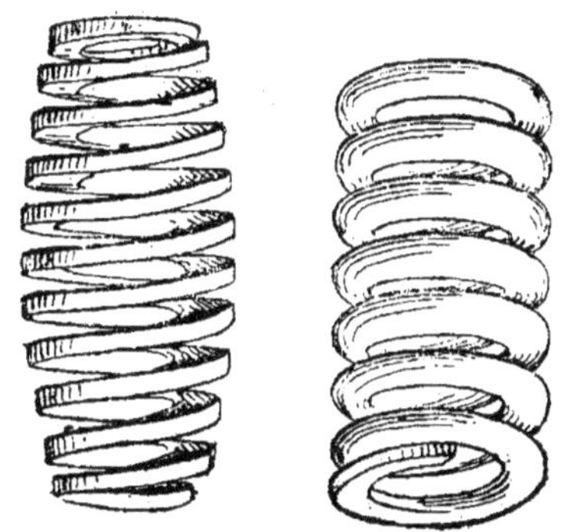

Fig. 16. — Ressorts de suspension à boudin.

Elle se compose de deux petits trucks à essieux rigides qui sont montés aux abouts de la caisse ainsi qu'une cheville ouvrière. Ce qui donne aux caisses longues, où leur emploi s'impose, un mouvement très doux.

Trucks à essieux rigides. — Jusqu'à présent les constructeurs ont cherché à réduire le plus possible le nombre de pièces entrant dans la construction des trucks. Cette condition a de l'importance au point de vue de la solidité, car plus il y a d'assemblages, plus il y a de chances de déformations.

Comme exemple de matériels très employés nous pouvons citer les trucks Peckham, les trucks Brill et les trucks genre Taylor.

Truck Peckham. — Le truck Peckham (fig. 17) se compose de larges bandes d'acier qui forment longeron. Ces bandes d'acier sont

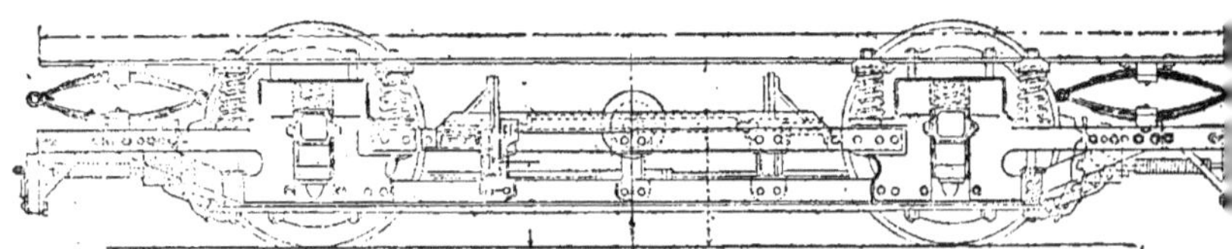

Fig. 17. — Truck Peckham.

reliées entres elles par les plaques de garde des boîtes d'essieu et par des goussets en acier aux extrémités.

Une semelle supérieure sert à la fixation de la caisse.

Cette semelle est montée sur plusieurs jeux de **ressorts compensateurs** qui constituent la suspension.

Les boîtes d'essieux, contrairement aux autres dispositions d'encastrement, sont montées mobiles sur un axe qui repose sur la clé entretoisant le bas de l'ouverture des plaques de garde.

Pour le démontage des roues, il suffit de retirer ces clés entretoises et d'opérer le levage de la voiture.

Les boîtes restant libres, les essieux se séparent du truck.

Truck Brill. — Le truck Brill (fig. 18) diffère du précédent en ce que les longerons sont d'une seule pièce.

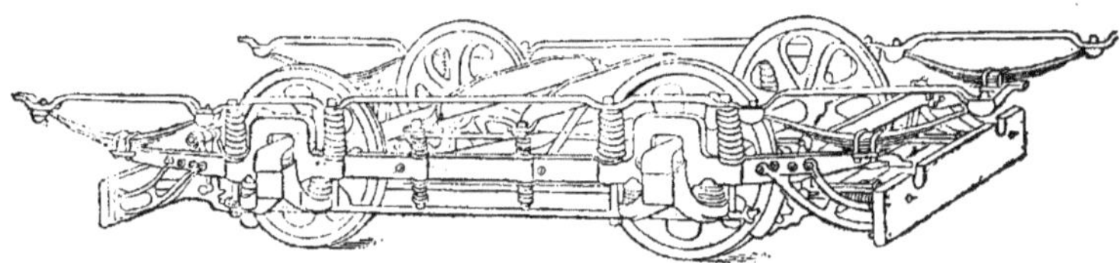

Fig. 18. — Truck Brill.

Ces longerons, en acier coulé, sont épaulés à l'emplacement des boîtes d'essieu pour leur servir de guide.

Une semelle supérieure, sur laquelle viennent se fixer les **ressorts de** suspension, est disposée comme sur le truck précédent.

Truck genre Taylor. — Le truck genre Taylor (fig. 19) se compose de deux longerons en fer à U.

Chaque longeron possède deux fers à U assemblés dos à dos et entretoisés à faible distance pour permettre de loger les ressorts de suspension.

Les plaques de garde y sont solidement fixées et entretoisées par des tubes en acier.

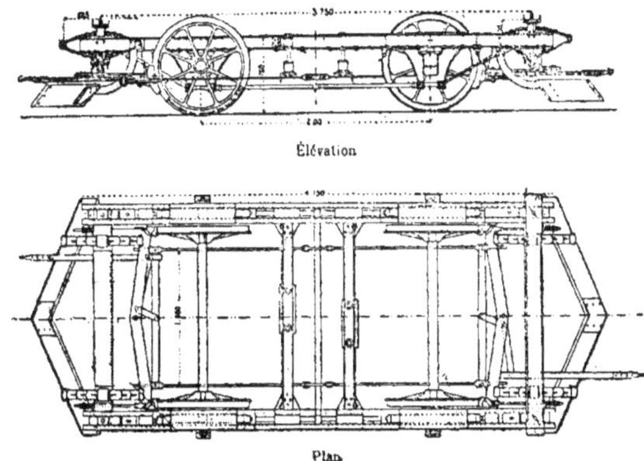

Fig. 19. — Truck genre Taylor.

Le démontage des roues se fait avec la plus grande facilité. Il suffit de dégager les deux clés entretoises qui sont au bas de chaque plaque de garde et d'opérer le levage de la voiture.

Trucks à bogies. — Ces trucks se construisent de deux types différents :

1° Type avec fixation pivotant au milieu des deux essieux;
2° Type avec fixation pivotant sur l'essieu arrière.

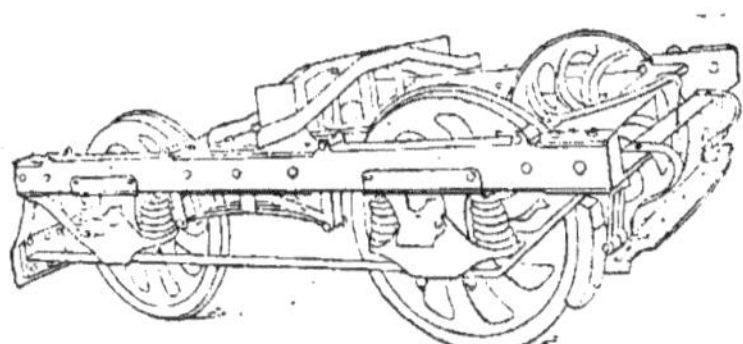

Fig. 20. — Bogie. (Type à adhérence
maxima.)

Ces deux types se construisent absolument comme les autres trucks, sauf certaines dispositions adoptées pour la suspension ou le freinage.

Le deuxième type, dit à adhérence maxima (fig. 20), est caractérisé par l'emploi de roues inégales.

La charge portant sur l'essieu arrière, l'adhérence des roues de cet essieu sur les rails est beaucoup plus grande.

Les roues de devant, de diamètre moins grand, ne supportent que peu de poids et servent de roues directrices.

Prix et poids. — Le poids des trucks varie avec leur longueur et les matériaux qui entrent dans leur construction ; c'est ainsi que le truck Brill 21-C pèse 2.200 kilos, le truck Peckham 6-C 2.000 kilos et le truck genre Taylor 2.400 kilos.

Les trucks des divers types, bien construits, restent aux environs de ces poids qui ne varient pas sensiblement.

Quant au prix des trucks cités, il est généralement en rapport avec leur poids.

Le truck Peckham, qui pèse 2.000 kilos, coûte 1.400 francs.

Le truck Brill, qui pèse 2.200 kilos, coûte 1.600 francs.

Le truck genre Taylor, qui pèse 2.400 kilos, coûte 2.000 francs.

En concluant les prix varient entre 1.200 et 3.000 francs, suivant les poids et les complications des différentes suspensions.

Essieux et roues. — Les essieux des tramways comme ceux des chemins de fer sont tous en acier.

Certaines maisons préparent des aciers au nickel (1) qui donnent entière satisfaction au point de vue élasticité pour la résistance aux chocs.

Les dimensions varient suivant la charge des appareils à supporter et le poids des véhicules.

Le tournage des essieux se fait de deux façons :

1° Avec portées à épaulement ;

2° Avec corps cylindrique.

Ce dernier mode (fig. 21) est le plus répandu sur nos voitures et il est de beaucoup préférable parce qu'il n'amincit pas les portées.

Il résiste beaucoup mieux aux efforts qu'il a à supporter de la part des moteurs.

L'extrémité des essieux est constituée par une partie épaulée que l'on désigne sous le nom de fusée. Cette fusée doit avoir une surface de portage suffisante pour éviter les échauffements et elle doit être calculée en rapport avec le poids du matériel.

Les centres de roues sont généralement calés sur les essieux au moyen d'une presse hydraulique disposée spécialement à cet effet.

Ce calage se fait ordinairement sous une pression de 35 à 50 tonnes.

---

(1) Ces aciers contiennent 3 pour 100 de nickel, leur résistance est de 60 kilos par millimètre carré.

La disposition des centres avec bandages rapportés est très répandue en France. Ces centres, qui sont en acier coulé ou forgé, ont donné jusqu'à présent de bons résultats.

Le travail du frettage s'opère au moyen d'un four spécial.

L'ajustage du bandage sur le centre se fait de la façon suivante :

On tourne le bandage en ménageant quatre dixièmes de millimètre pour le retrait par mètre sur le développement du bandage.

Il ne faut jamais s'écarter de cette proportion, car avec un retrait trop fort les centres seraient inévitablement déformés au frettage.

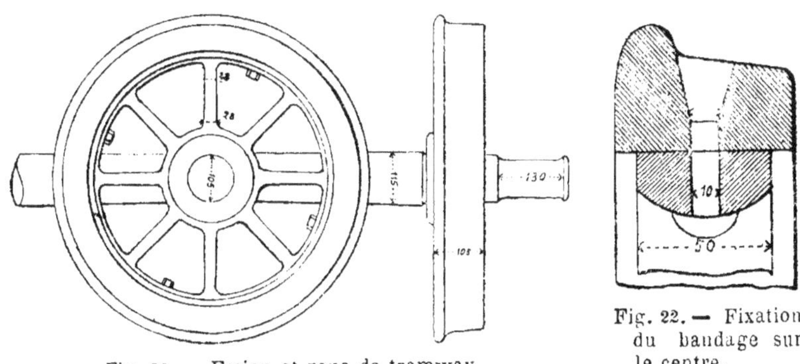

Fig. 21. — Essieu et roue de tramway.

Fig. 22. — Fixation du bandage sur le centre.

Pour la mise en place du bandage il suffit de le faire chauffer soit dans un four au charbon de bois, soit dans un four à gaz jusqu'à ce que la dilatation soit suffisante et que le centre puisse entrer dans le bandage.

Pendant le retrait du bandage on a soin d'arroser le centre pour s'opposer à l'échauffement de ce dernier. De cette façon il n'y a que le bandage qui travaille.

Le frettage terminé on procède, par mesure de sécurité, à son rivetage (fig. 22) ; à défaut de rivets les vis sont très employées.

Un bandage fournit environ un trajet de 200.000 kilomètres et les centres peuvent subir l'opération du frettage une dizaine de fois si le travail est bien fait.

Nous conseillons de ne jamais user complètement les bandages sans les avoir passés au moins une fois sur le tour pour corriger leur ovalisation et leur redonner approximativement le profil primitif.

On profitera de ce que l'essieu est sur le tour pour le trusquiner et vérifier s'il est bien de révolution autour de l'axe.

Le profil à recommander est celui à boudin très bas et à table de roulement légèrement conique.

Roues en fonte trempée. — Les roues en fonte trempée s'obtiennent par des coulées en coquille. Le refroidissement subit de la fonte en fusion au contact du moule qui reçoit extérieurement un courant d'eau donne une cémentation très pénétrante à la jante.

Elles se fabriquent sur deux types : avec disque plein ou avec rayons. Ce dernier type, qui se coule le plus couramment, se comporte mieux dans les dilatations.

Après le coulage, ces roues sont présentées à une meule émeri spéciale qui leur donne leur profil définitif.

Ces roues donnent d'assez bons résultats, mais leur coût, comme entretien et renouvellement, est plus élevé que celui des roues avec centre.

FREINAGE DES VOITURES AUTOMOTRICES

Description. — Freins de sûreté. — Freins à air comprimé. — Freins électriques.

Description. — Le freinage des voitures automotrices s'obtient : mécaniquement, au moyen de l'air comprimé, ou électriquement.

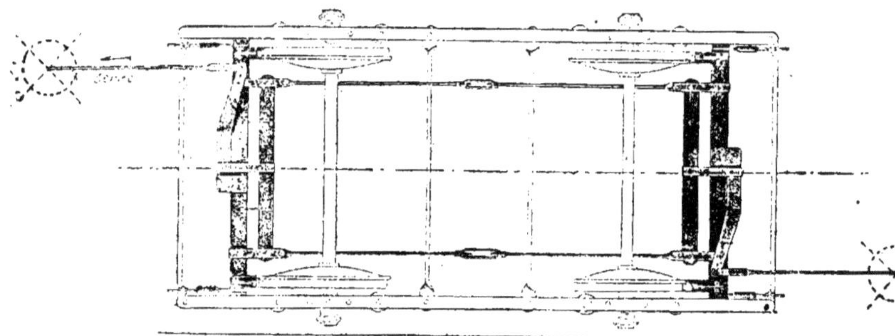

Fig. 23. — Disposition générale d'un freinage à main.

Le freinage mécanique s'effectue généralement avec des sabots en fonte qui coincent les bandages des roues ; une manivelle à main les commande par l'intermédiaire de plusieurs jeux de levier (fig. 23).

Pour multiplier l'effort on adapte généralement au bas de la tige un jeu de réduction d'engrenage.

Dans cette disposition, la chaîne vient s'enrouler sur un petit tambour (fig. 24) très supérieur comme diamètre à la tige, ce qui facilite l'enroulement de la chaîne.

La manivelle de commande est à encliquetage (fig. 25).

Cette disposition est indispensable pour le bon fonctionnement du frein, qui doit être manœuvré constamment.

Le serrage de la chaîne est quelquefois remplacé par une tige filetée (fig. 26). Cette tige porte un écrou qui relève l'appareil du frein.

Avec cette disposition on emploie toujours des manivelles simples.

Freins de sûreté. — Sur certains réseaux où les rampes sont très fortes on emploie, indépendamment des freins de marche, des freins de sûreté.

Ces freins sont à coins ou à griffes.

Cette dernière disposition nécessite l'emploi de longrines en bois qui sont fixées parallèlement à l'axe de la voie.

Fig. 24. — Disposition d'une tige de frein avec multiplication d'engrenage.

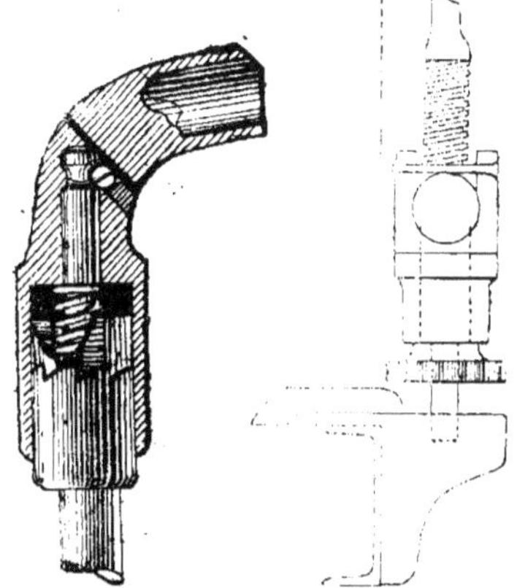

Fig. 25. — Manivelle de frein à encliquetage.

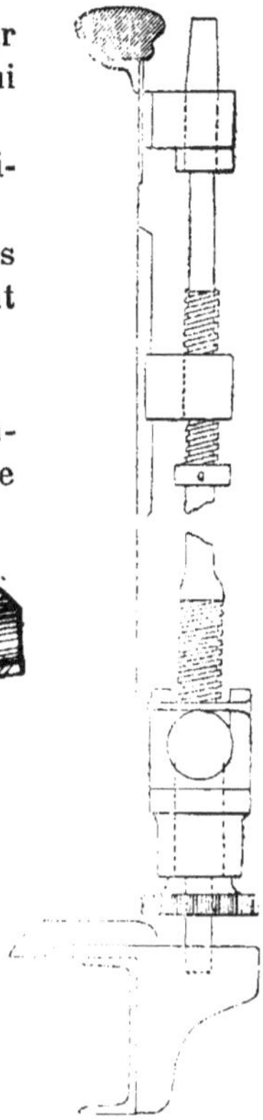

Fig. 26.—Tige de frein à vis.

Dans le cas où pour une cause quelconque le frein à main ne fonctionne pas, le mécanicien n'a qu'à desserrer un volant à portée de sa main.

Ce volant fait abaisser deux bras en acier disposés de chaque côté de la voiture et portant des sabots striés.

Les sabots, en prenant contact avec la longrine, entrent dans celle-ci et tendent instantanément à bloquer la voiture.

Ce frein très énergique a une grande valeur comme frein de sûreté ; il est notamment employé au Havre où il donne entière satisfaction.

Freins à air comprimé. — Les freins à air comprimé ne sont pas très répandus dans les voitures urbaines.

Leur application s'est plutôt spécialisée aux chemins de fer et aux lignes de tramways suburbaines.

Ce freinage s'obtient au moyen de compresseurs qui sont tantôt actionnés par un petit moteur électrique, tantôt par une excentrique calée sur l'essieu.

Plusieurs systèmes de frein à air comprimé perfectionnés donnent d'excellents résultats.

Freins électriques. — Nous ne nous arrêterons pas ici sur ce point ; la question des freins électro-magnétiques devant être traitée plus loin, dans un paragraphe spécial, au chapitre : « Distribution et marche des voitures automotrices. »

DISPOSITIONS SPÉCIALES ET APPAREILS DE PROTECTION POUR VOITURES AUTOMOTRICES

Voitures diverses. — Chasse-corps. — Filets de protection. — Nettoyage des voies. — Sablage des voies.

Voitures diverses. — Dans certaines régions du Nord l'exploitation est quelquefois entravée par les grands froids, par la neige en particulier.

Fig. 27. — Balayeuse électrique.

On a vu la neige déterminer l'arrêt complet d'un réseau avant que l'on ait pu prendre les dispositions nécessaires pour la combattre.

Pour parer à cet inconvénient on a construit dans bon nombre de ces réseaux des balayeuses électriques.

Ces balayeuses sont munies de deux brosses métalliques (fig. 27) montées obliquement par rapport à l'axe de la voie et commandées par un moteur indépendant de ceux qui assurent la marche de la voiture.

Quand on ne peut enlever la couche de neige durcie par le charroi, on emploie des appareils appelés charrues électriques, montés sur des véhicules spéciaux.

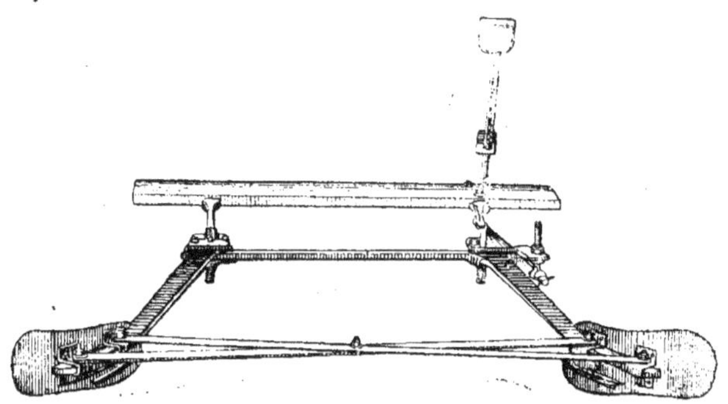

Fig. 28. — Chasse-neige de voiture automotrice.

On emploie aussi quelquefois des chasse-neige en tôle (fig. 28) que l'on adapte directement sur les voitures motrices.

En pareil cas on a soin de répandre du sel sur la voie pour la maintenir propre.

Dans certaines villes l'application de la traction électrique s'est généralisée à divers services, comme les services de la poste, des ambulances ou de l'arrosage.

Chasse-corps. — Toutes les voitures de tramways doivent être pourvues de chasse-corps protecteurs.

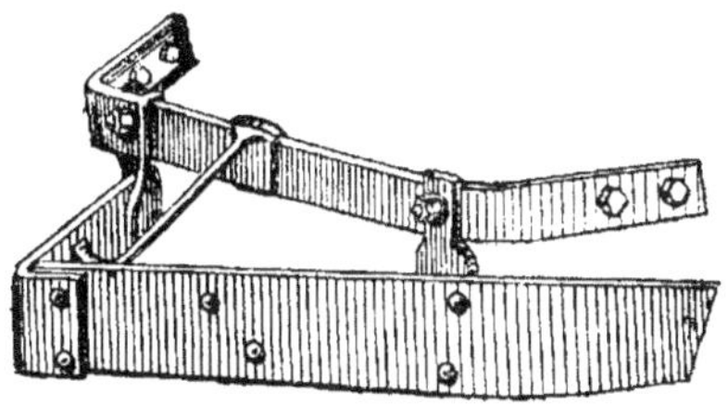

Fig. 29. — Chasse-corps.

Ces chasse-corps sont généralement en bois et disposés en pointe vers l'avant (fig. 29).

Les côtés du truck portent également une protection en fer plat (fig. 30) ou en treillis. Malheureusement ces protections ne sont guère efficaces ; il est bien rare que la victime d'un accident leur doive de ne pas s'engager sous la voiture.

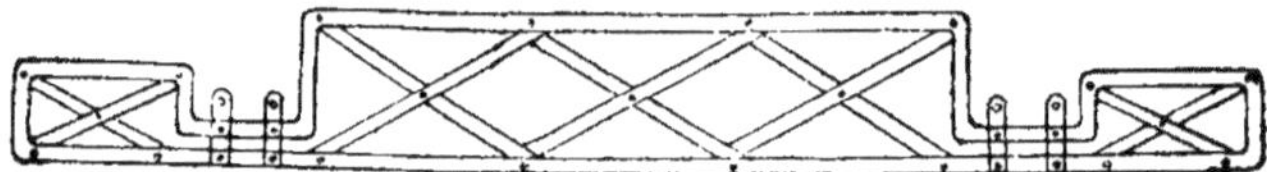

Fig. 30. — Garde-corps protecteur de côté.

Ces protections se trouvent à environ 100 millimètres au-dessus du rail et la personne qui tombe accidentellement devant la voiture tend à être roulée par le chasse-corps par suite de la vitesse acquise.

Diverses études ont été faites sur la forme et le fonctionnement de ces appareils qui sont tantôt fixes tantôt mobiles, mais qui n'ont donné jusqu'à présent que des résultats médiocres.

Filets de protection. — Les filets protecteurs sont au contraire les seuls appareils qui fonctionnent d'une façon parfaite et qui assurent le plus sûrement la sécurité des passants.

Ils se composent généralement de deux cadres en tubes (fig. 31) dans lesquels on a tressé des feuillards.

Fig. 31. — Disposition d'un filet protecteur
sur une voiture.

Ces deux cadres sont réunis entre eux par une pièce fixée de chaque côté et formant charnière.

L'appareil ainsi composé est suspendu par un système très élastique (fig. 32).

Le tube du cadre horizontal est muni d'un bourrelet en feutre, qui sert à amortir le coup au moment du fonctionnement. Il porte également deux petits rouleaux en bois qui viennent rouler sur les rails

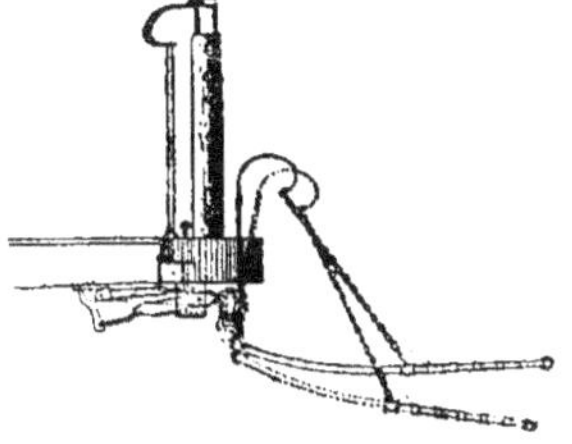

Fig. 32. — Suspension
du filet.

dans le cas où le dénivellement de la caisse se produirait sous la charge inégale des voyageurs. Ces rouleaux ont pour but de protéger le bourrelet de feutre qui serait détérioré en peu de temps.

On adapte sous la voiture quelquefois un second filet ; ce filet ne fonctionne que si le corps a passé sous le premier filet et vient heurter une tringle qui abaisse instantanément le deuxième protecteur.

Il sera facile de se rendre compte du fonctionnement de ce deuxième appareil en suivant le pointillé de la figure 33.

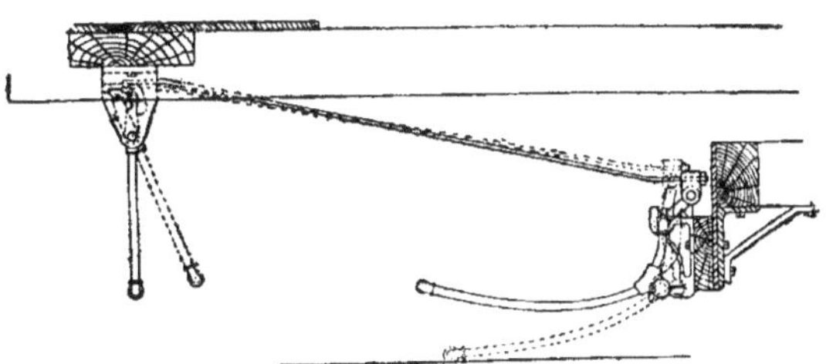

Fig. 33. — Disposition d'un second filet.

Des essais de fonctionnement ont été faits dans différentes villes et avec différents types. Ces essais ont donné de très bons résultats.

Les voitures des tramways du Havre sont munies d'un de ces appareils, combiné dans ses ateliers. Le réseau de Nancy a suivi l'exemple du Havre, ainsi que d'autres réseaux du reste.

On ne saurait trop recommander ces appareils de protection : le nombre des accidents va toujours en croissant, provoqué par la vitesse toujours plus grande des véhicules et par l'insouciance du public qui e familiarise avec ce genre de locomotion.

Nettoyage des voies. — Certains réseaux soucieux de leurs intérêts ont adopté, pour la propreté de leurs voies et le bon contact entre les roues et les rails, le brossage de ces derniers. Ce travail s'obtient au moyen de petites brosses métalliques (fig. 34) fixées sur le truck.

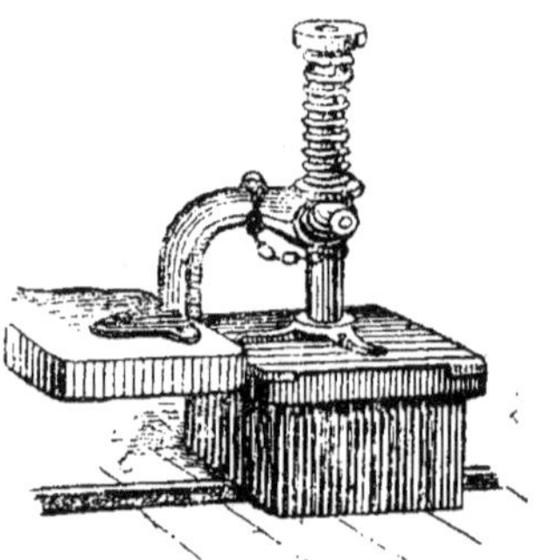

Fig. 34. — Brosse métallique.

Pour que la pression exercée sur le rail soit toujours la même, ces brosses sont montées sur une tige percée de trous sur laquelle on règle un ressort à boudin au moyen d'une petite broche.

Le curage et le nettoyage des rails s'obtiennent avec des dispositions à peu près analogues. Mais ce système a donné bien des ennuis à cause du passage des véhicules dans les courbes et les aiguillages.

Comme le nettoyage à la main des voies est très long, on a imaginé

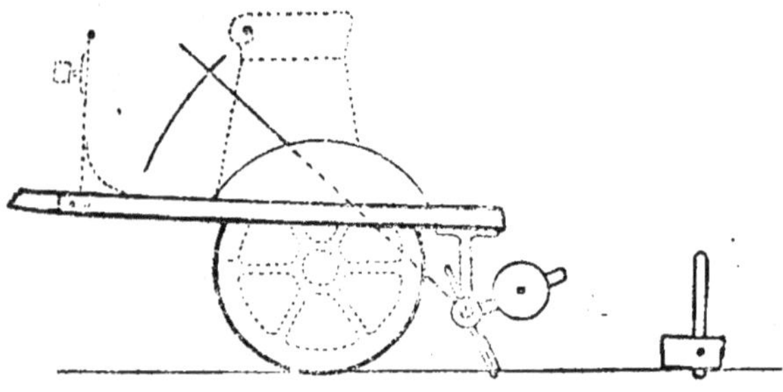

Fig. 35. — Camion-curette.

un curage double fait au moyen d'un petit camion à deux roues (fig. 35) traîné par un cheval.

Cet appareil, qui fonctionne sur le réseau de Toulon, est d'un précieux usage pour le nettoyage rapide des voies.

Sablage des voies. — Il est indispensable d'avoir sous les voitures des appareils pouvant répandre du sable sur les rails.

Avec la pluie et les temps humides le patinage est à craindre et il est bon de faire fonctionner ces appareils aux endroits dangereux tels que :

1° Courbes avec tournant masqué sur lequel peuvent déboucher une ou plusieurs rues transversales ;

2° Pentes dangereuses ;

D'une façon générale en tous les points où l'on peut ne plus être maître de sa voiture lancée. Nous représentons figure 36 un modèle de

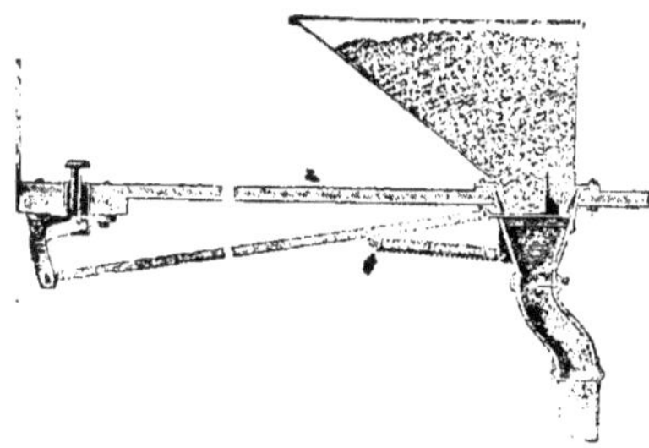

Fig. 36. — Sablière à agitateur.

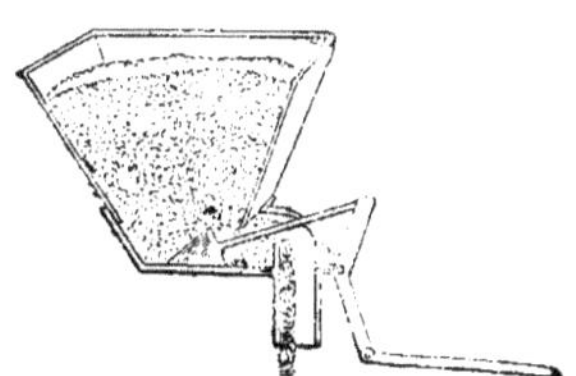

Fig. 37. — Sablière à coin alternatif.

sablière simple avec agitateur et figure 37 un modèle avec coin alternatif. Pour ce dernier modèle, pendant le fonctionnement, le coin ayant un mouvement de va-et-vient amène le sable dans le tube ; dans le cas où le sable s'agglutine il est brisé et amené régulièrement à l'orifice qui doit le laisser couler sur le rail.

Nous recommandons de fixer le bas des tubes de sablières d'une façon parfaite, afin que l'orifice du tube débouche bien sur la table de roulement du rail et le plus près possible de la roue.

Les tubes de descente aux rails sont en acier ou en caoutchouc.

APPAREILS DE PRISE DE COURANT POUR VOITURES AUTOMOTRICES

Trolley. — Trolley axial. — Trolley désaxé. — Bases. — Roulettes de trolley. Archet. — Prises de courant terrestres.

Trolley. — Cet appareil, qui est constitué par un tube en acier, sert à transmettre le courant du fil de travail aux différents circuits de la voiture.

Il porte à son extrémité supérieure une fourche en bronze appelée tête de trolley; c'est dans cette fourche que tourne la roulette.

Il est relié à sa partie inférieure à une base munie de **ressorts**; ces ressorts tendent à maintenir la perche dans une position verticale.

La base pivote autour d'un axe, ce qui donne au trolley la possibilité d'osciller suivant la position occupée par la voiture par rapport au fil de trolley.

Les types de bases, perches et roulettes, sont nombreux; aussi nous contenterons-nous de ne décrire que les plus usités.

Trolley axial. — Il est caractérisé par ce fait que la tête est fixe (fig. 38). La roulette, qui est mobile, tourne autour d'un axe fixé à la tête au moyen d'un carré et d'une goupille.

Le trolley est mobile autour d'un seul point, qui est le milieu de la toiture de la voiture, et a pour pivot la base de trolley.

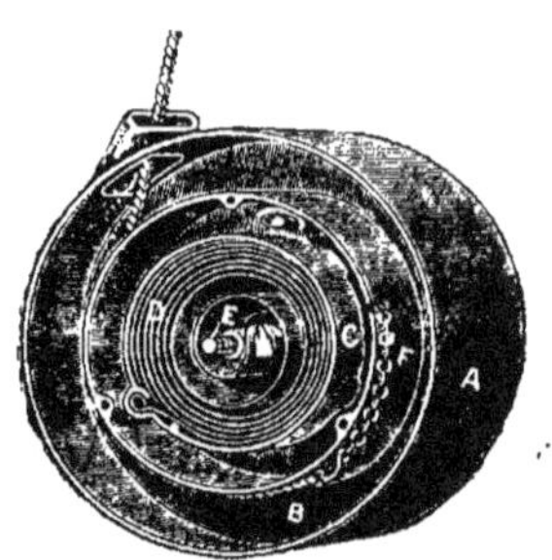

Fig. 38. — Tête de trolley pour ligne axiale.

Fig. 39. — Enroule-corde de trolley.

La tension des perches de trolley se fait au moyen de **ressorts**; elle varie entre 5 et 7 kilos.

La manœuvre du trolley est assurée par une corde fixée d'un côté à la tête de trolley et de l'autre à la marquise de la voiture.

Si pour une cause quelconque le trolley quitte le fil, on se sert de la corde pour le remettre en place.

Il arrive que la perche en s'échappant brusquement vienne **détériorer** les tendeurs de la ligne aérienne.

Pour remédier à cet inconvénient on a adopté sur bon nombre de réseaux l'appareil appelé enroule-corde de trolley (fig. 39).

Il se compose d'une boîte cylindrique A à l'intérieur de laquelle est ménagé l'emplacement de la corde B, une double boîte C tient le ressort D. C'est ce ressort qui fait agir l'appareil et qui est fixé en un point E.

La fixation de la corde se fait au moyen d'une petite chaînette hercule, fixée en F. Le fond de l'appareil porte un encliquetage ; quand on tire brutalement sur la corde, un linguet retenu par un ressort vient bloquer l'appareil et le trolley reste à l'endroit où il vient de s'échapper.

Si au contraire le trolley suit sa marche normale la corde s'enroule et se déroule d'une façon régulière.

Cet appareil se fixe sur le tablier de la voiture et se prête à toutes les voitures.

Trolley désaxé. — Ce trolley s'applique aux lignes aériennes non disposées dans l'axe des voies terrestres.

Comme le précédent il est monté sur une base mobile.

La tête, montée sur un pivot (fig. 40), prend facilement les inclinai-

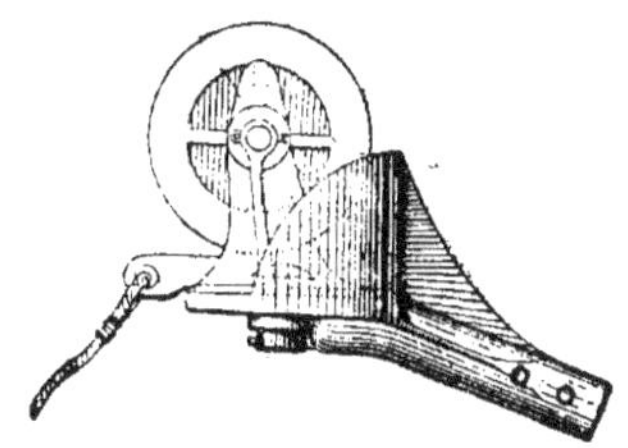

Fig. 40. — Tête de trolley pour ligne
désaxée.

sons que le fil de trolley lui fait prendre par rapport à l'axe de la voiture.

Avec cette disposition le trolley travaille dans deux plans différents, horizontalement et verticalement.

Bases. — Elles se composent d'une plaque d'assise qui sert à leur fixation sur la toiture de la voiture. Cette plaque porte le pivot dans lequel vient s'emmancher une fourche. La fourche, qui porte la douille pour recevoir la perche, reçoit également les ressorts de tension.

Nous représentons figure 41 plusieurs types de bases axiales.

Pour les lignes désaxées les bases de trolley sont étudiées spécialement.

Roulettes. — Elles sont construites en bronze. Leurs formes et leurs dispositions de graissage sont nombreuses.

Le graissage peut se faire de plusieurs façons :

1° Avec centre au graphite (fig. 42) ;

2° Avec graissage à l'huile où à la graisse consistante.

Pour le graissage à l'huile nous pourrons citer le type des roulettes à réservoir.

On utilise les évidements qui existent sur les joues de la roulette comme magasin d'huile. Ces évidements communiquent entre eux par un trou.

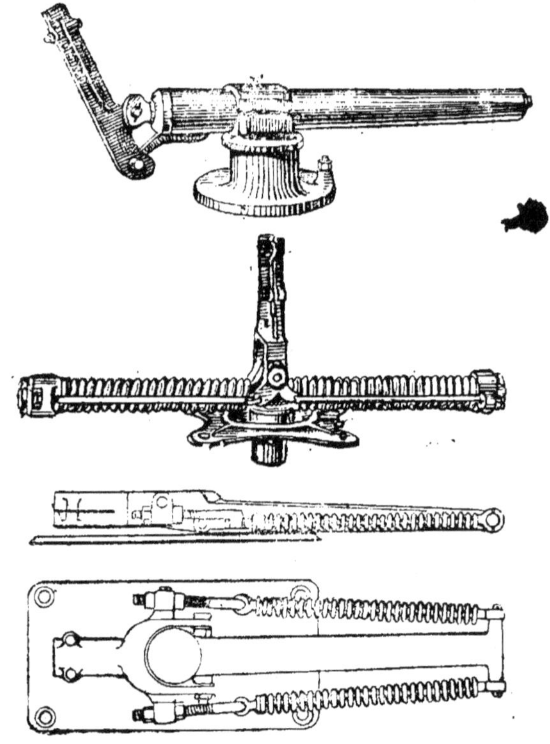

Fig. 41. — Bases de trolley.

Le graissage se fait de la façon suivante :

Deux trous, que l'on a eu soin de boucher avec un rotin communiquant avec l'axe, débouchent dans le fond d'un pas hélicoïdal qui a été pratiqué dans l'alésage pour que le graissage se fasse sur toute la longueur de l'axe. C'est par ces trous garnis de rotin que s'échappe la quantité d'huile nécessaire au graissage. Les côtés de la roulette sont fermés par deux plaques en fer blanc sur l'une desquelles on a soudé un écrou portant une vis étanche ; c'est par cet orifice que l'on fait le graissage.

Ce système de roulette, qui est employé sur de nombreuses voitures, donne d'assez bons résultats.

Fig. 42. — Roulette de trolley avec centre au graphite.

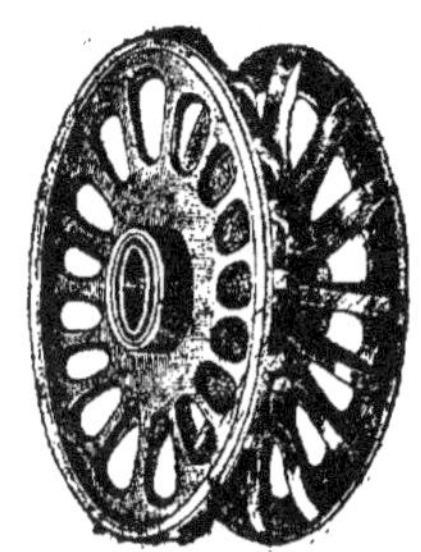

Fig. 43. — Roulette de trolley pour enlever le givre.

Archet. — C'est la maison Siemens et Halske qui la première utilisa le principe de l'archet comme prise de courant.

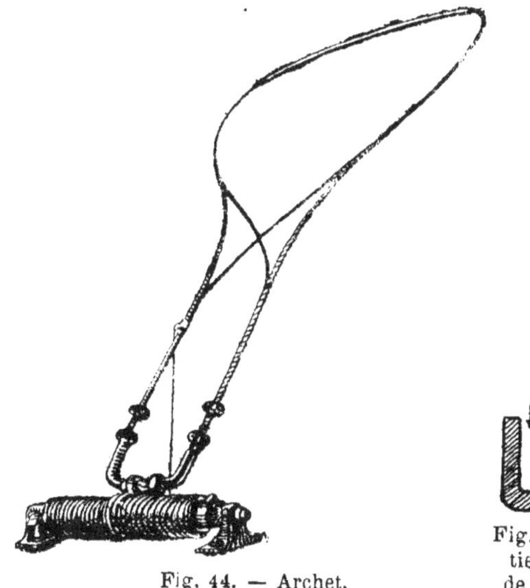

Fig. 44. — Archet.

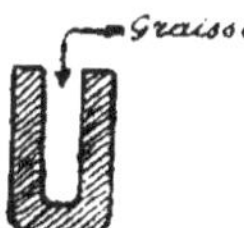

Fig. 45. — Partie supérieure de l'archet.

Comme le trolley il a bien des types. Il se compose ordinairement de deux tubes se fixant à la base. A ces deux tubes vient s'adapter une espèce de triangle (fig. 44).

La partie supérieure de l'archet se fait en aluminium et en forme de gouttière (fig. 45). On a soin de remplir cette gouttière de graisse pour que l'usure soit moindre et le frottement plus doux.

La base est fixe et travaille tantôt dans un sens tantôt dans l'autre.

Pour changer le sens de marche la manœuvre de l'archet se fait automatiquement. La voiture se mettant en route l'archet s'arc-boute d'abord sur le fil, puis se dresse verticalement et vient retomber en arrière pour prendre sa position normale.

Dans les mines, où l'on est limité en hauteur, on emploie des prises de courant à rouleau.

Prises de courant terrestres. — Ces dispositions de prises de courant sont de plusieurs sortes; elles peuvent être à plots ou à contacts dans caniveau.

Les prises de courant à plots se font au moyen de frotteurs installés sous la voiture. La distance d'un plot à un autre doit être calculée pour qu'il n'y ait pas interruption de courant. C'est pour cette raison que le frotteur avant d'abandonner un plot de contact prend communication avec le plot suivant.

La prise de courant par caniveau se fait au moyen d'un bras qui entre dans une rainure pratiquée parallèlement à la voie. Ce bras porte à son extrémité une roulette ou un frotteur.

Les conducteurs sont installés sur des isolateurs et fixés d'une façon aussi parfaite que possible.

En vue d'éviter les courts-circuits au moment des fortes pluies, on fait communiquer ces caniveaux avec les égouts.

CHAPITRE II

MATÉRIEL ÉLECTRIQUE

DISTRIBUTION ET APPAREILLAGE DES VOITURES AUTOMOTRICES

Câblage d'une voiture automotrice. — Équipement électrique d'une voiture automotrice. — Moteurs. — Moteurs du premier cas. — Moteurs du second cas. — Régulateurs. — Distribution des circuits de la voiture. — Fixation des manches. — Interrupteurs principaux. — Résistances. — Coupe-circuits. — Parafoudres. — Régulation. — Freins électro-magnétiques. — Frein Sperry.

Câblage d'une voiture automotrice. — Le câblage d'une voiture automotrice comprend :

1° Le circuit des interrupteurs principaux ;
2° Le circuit de régulation et de marche ;
3° Le circuit de retour ;
4° Le circuit d'éclairage.

Ces différents circuits se font avec du câble d'équipement à fort isolement.

Les câbles sont fixés au moyen de petits colliers en cuivre ou en bois.

On doit écarter au montage l'emploi de cavaliers en fer, ce mode de fixation étant défectueux.

Le circuit des interrupteurs principaux se dispose sur la toiture de la voiture (fig. 46).

Il part de la base de trolley, fait le tour de la toiture, arrive au premier interrupteur, sort de cet interrupteur pour aller au second, et de ce dernier il descend au plancher et va directement au coupe-circuit fusible. Du coupe-circuit fusible il arrive au parafoudre, de ce dernier à une self-induction, et ensuite il vient se greffer sur le câble allant à chaque régulateur. Des régulateurs aux résistances, des résistances aux moteurs et des moteurs aux rails.

La continuation du circuit de la toiture sous le plancher est représentée figure 47.

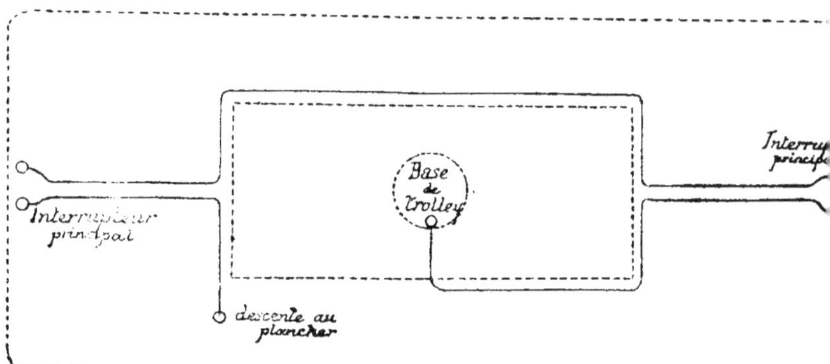

Fig. 46. — Disposition du circuit de la toiture.

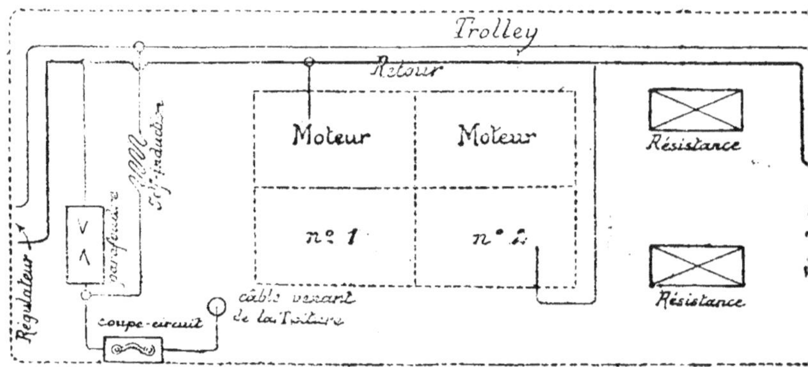

Fig. 47. — Disposition du circuit du plancher.

Le circuit de régulation et de marche se fait ordinairement avec deux faisceaux de câbles emprisonnés dans une gaine ou dans une manche en toile caoutchoutée.

Les dérivations sont greffées et soudées sur les câbles, pour se connecter avec les différents appareils de l'équipement.

Le circuit de retour se fait également sous le plancher.

Quant aux circuits d'éclairage, ils se fixent tantôt sur la toiture, tantôt dessous.

Les figures 48 à 50 représentent la disposition schématique de trois installations d'éclairage.

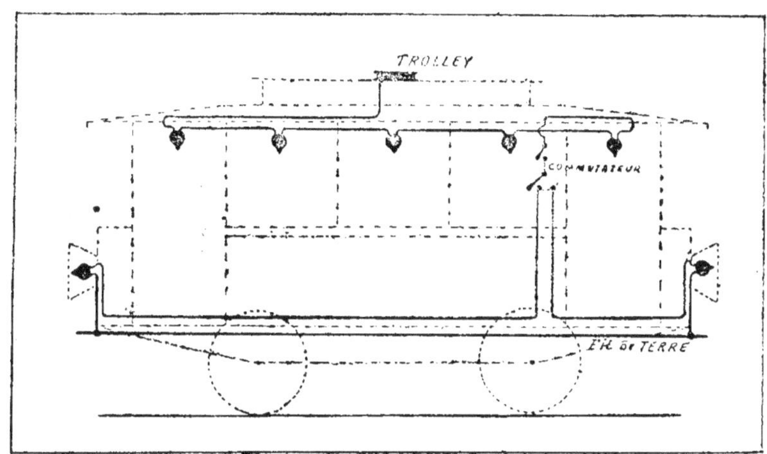

Fig. 48. — Câblage d'éclairage. (Allumage du disque par alternateur.)

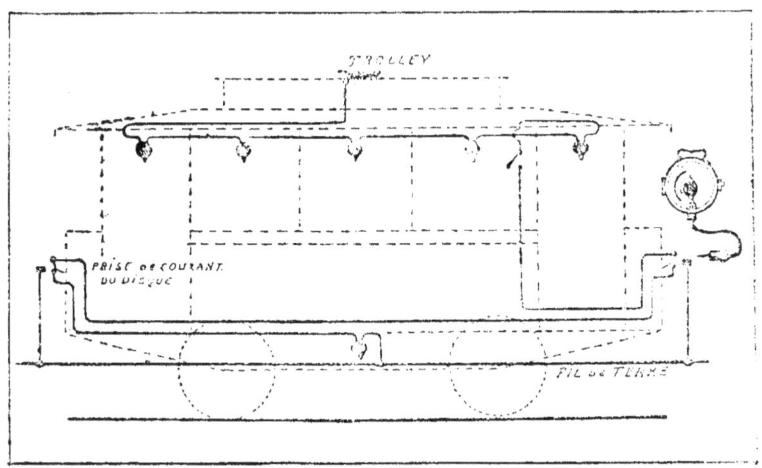

Fig. 49. — Câblage d'éclairage. (Disque interchangeable et lampe de visite.)

L'équipement électrique d'une voiture automotrice. — Les principaux appareils rentrant dans la composition de l'équipement sont :

Les moteurs ;

Les régulateurs ;

Les manches contenant les câbles ;
Les interrupteurs principaux ;
Les résistances ;
Le coupe-circuit fusible;
Le parafoudre ;
La self-induction ;
Les freins électriques ;
L'appareillage pour l'éclairage ;
Les prises de courant, serre-fils, etc.

Bien entendu la forme et la force de ces appareils varient avec le type et l'importance du matériel.

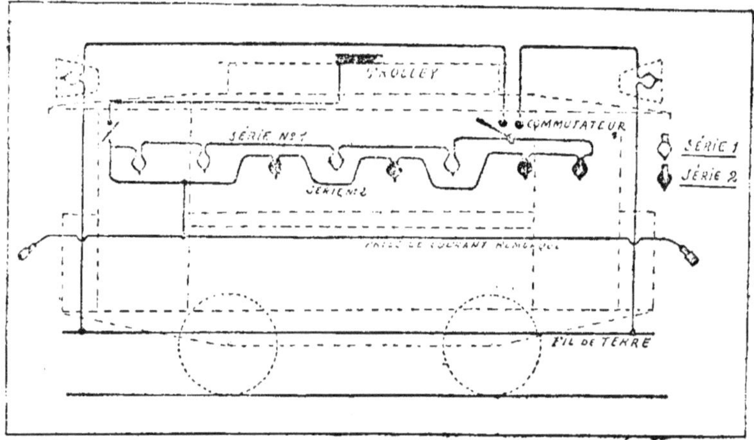

Fig. 50. — Câblage d'éclairage. (Deux séries d'allumage du disque par alternateur.)

Moteurs. — Tous les moteurs de tramways, quelle que soit leur forme, sont toujours logés dans le truck de la voiture, et fixés à ce dernier par une suspension élastique combinée à cet effet, et qui varie suivant le type du moteur.

Chaque moteur se compose d'un induit tournant entre des masses polaires excitées par des bobines d'inducteur.

L'ensemble est monté dans une carcasse en acier coulé, qui porte à sa partie supérieure un regard pour la visite du collecteur.

Le pignon et l'engrenage sont protégés contre la boue et la poussière par un carter en acier coulé ou en tôle. Ce carter est monté mobile sur la carcasse du moteur.

La suspension du moteur se fait d'un côté sur l'essieu par les coussinets porteurs et de l'autre côté au moyen d'un joug en acier. Ce joug emprisonne généralement un tourillon venu de fonte avec la carcasse, et vient se fixer au truck par ses extrémités au moyen d'un boulon.

L'épaisseur du joug se trouvant au milieu de ce boulon, il est nécessaire de mettre un ressort à boudin dessus et dessous pour donner de l'élasticité à cette suspension. De cette façon, au démarrage dans un sens ou dans l'autre, les ressorts en se comprimant évitent les à-coups qui pourraient se produire.

Pour la réparation et les changements des différents organes du moteur, il est nécessaire que les carcasses s'ouvrent en deux parties.

Ces carcasses, suivant le type employé, s'ouvrent par-dessus ou par-dessous.

Dans le premier cas les pièces s'enlèvent par l'intérieur de la voiture, dans le second cas par le dessous de la voiture, et le travail s'effectue dans une fosse ménagée à cet effet.

Moteur du premier cas. — Comme moteur du premier cas, nous prendrons comme exemple le GE 800 de la Compagnie Thomson-Houston.

Ce moteur (fig. 51) se compose d'une carcasse en acier coulé en deux

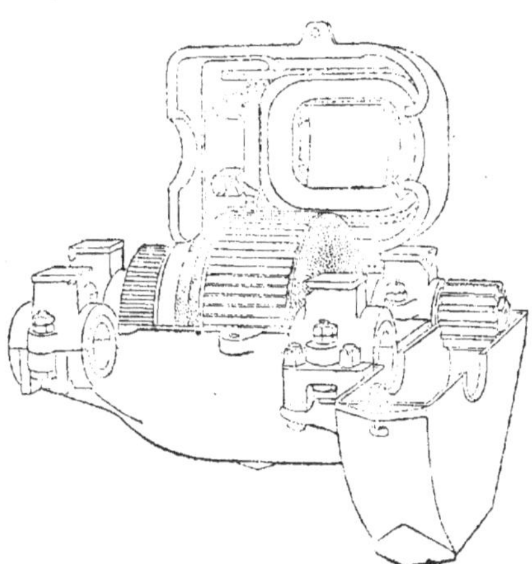

Fig. 51. — Moteur de traction, carcasse
à développement supérieur.

parties reliées entre elles d'un côté par des charnières et de l'autre par une fermeture avec boulons.

Le système inducteur est composé de deux pôles conséquents peu saillants et de deux pôles radiaux portant seuls des bobines d'induction. Ces pôles sont venus de fonte avec la carcasse.

Inducteur. — Les bobines d'inducteur (fig. 52) sont en fil de 41/10, enroulé sur un moule spécial que l'on monte sur un tour, le nombre de tours de fil sur l'appareil est de 14, et le nombre de spires de 204.

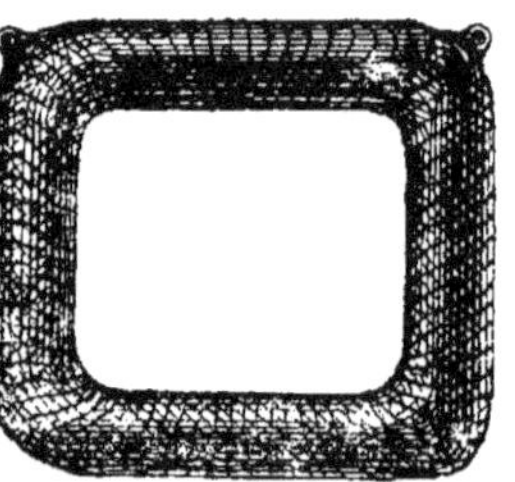

Fig. 52. — Inducteur.

Les fournitures qui entrent dans la confection de chaque inducteur sont les suivantes :

	fr.	c.
28 kilos fil 41/10.	65	52
2 mètres toile huilée.	2	20
4 rouleaux ganse.	3	20
2 rouleaux ganse large	1	40
2 plaques de connexion.	2	50
Mica.	2	»»
Peinture isolante.	1	»»
Total.	77	82

Main-d'œuvre :

	fr.	c.
Enroulement du fil sur le moule.	4	»»
Enroulement de la toile huilée.	»	80
Enroulement de 2 couches de ganse.	1	60
Enroulement de 1 couche de ganse.	»	80
Mise en place des plaques.	1	»»
Total.	8	20

Prix de revient de l'inducteur : 86 fr. 02.

Induit. — L'armature est composée de disques en tôle douce ayant chacun 105 encoches et isolés à l'oxyde.

Ces disques sont serrés les uns contre les autres, jusqu'à atteindre une épaisseur totale de 215 millimètres, largeur de la masse.

On les emmanche à la presse hydraulique et on les tient entre eux par deux flasques en fonte, vissées sur un tube en acier.

Ce tube est claveté sur l'arbre de l'induit qui porte le pignon et le collecteur.

Le bobinage est fait en tambour, et il se compose de 105 sections à 3 ou 4 tours, suivant que l'on veut plus ou moins de vitesse ; ces bobines se couplent en série (fig. 53).

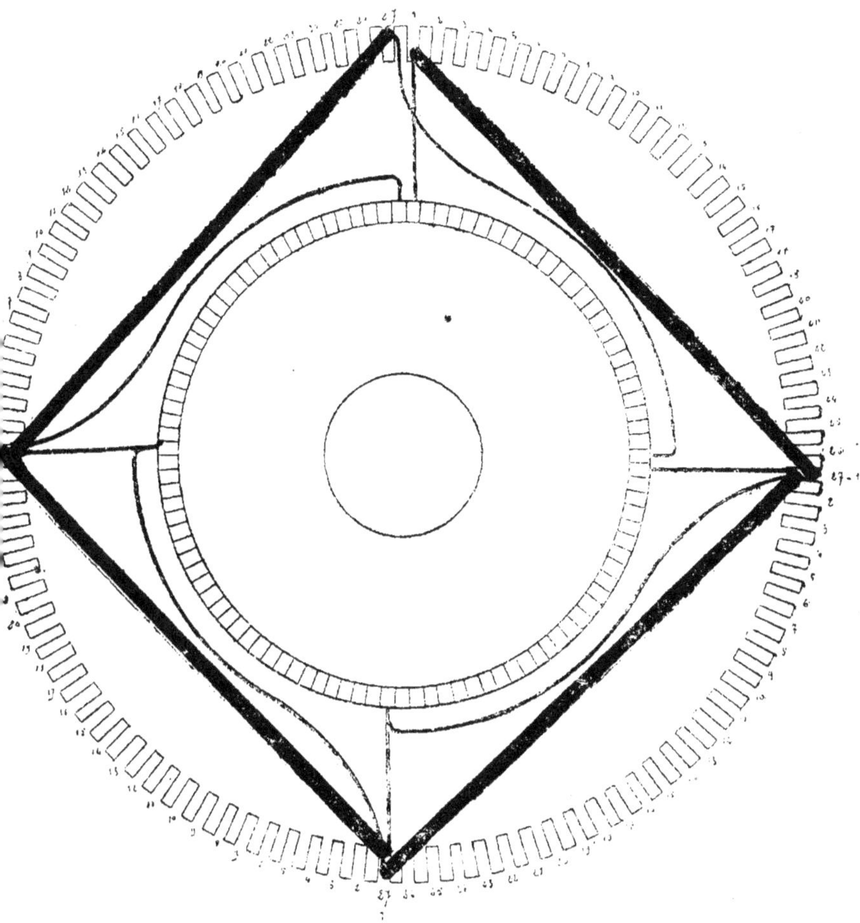

Fig. 53. — Bobinage d'un induit.

Section d'induit. — La longueur d'une section à 4 tours est de 4 m. 480, le fil est de 26/10, bobiné sur un moule spécial.

Prix de revient d'une section :

	fr.	c.
Fil de 26/10	»	26
7 mètres ganse	»	25
3 mètres ganse	»	15
Papier huilé	»	10
Peinture isolante	»	25
Étain fin	»	05
Ficelle	»	02
Charbon bois	»	05
Main-d'œuvre	»	75
Total	1	88

Mode de fabrication :

1° Appliquer une couche de ganse en commençant par le bout le plus long (fig. 54) puis passer une couche de peinture isolante ;

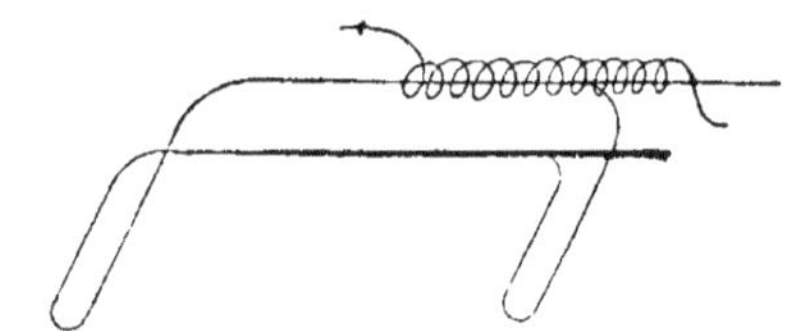

Fig. 54. — Enroulement des sections d'induit.

2° Appliquer ensuite un tour de papier huilé sur les deux parties droites (fig. 55) ;

3° Puis recouvrir ces deux parties droites d'une couche de ganse

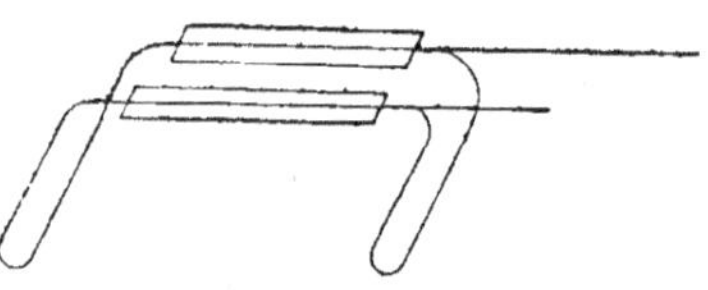

Fig. 55. — Enroulement des sections d'induit.

(fig. 56). Passer la section à la presse, la peindre à nouveau et la laisser bien sécher.

Bobinage. — Commencer par ouvrir toutes les sections (fig. 57) et en emmancher 27 du côté du petit bout A. Ces 27 sections posées ramener les bouts B de la section 1, etc., sur la section 27 (bout A) et continuer ainsi jusqu'à ce qu'on en ait posé 87. Relever ensuite les bouts B des 26 dernières sections posées pour passer les bouts A des 27 dernières sections à placer. Ramener ainsi les bouts B jusqu'à achèvement complet.

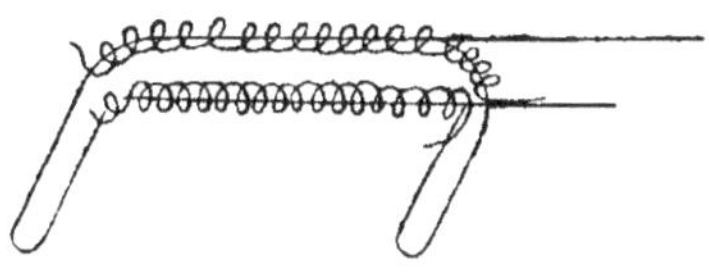

Fig. 56. — Enroulement des sections d'induit.

Nous recommandons de bien tasser les sections sur les côtés de la masse afin de ne pas se laisser gagner par l'épaisseur des sections.

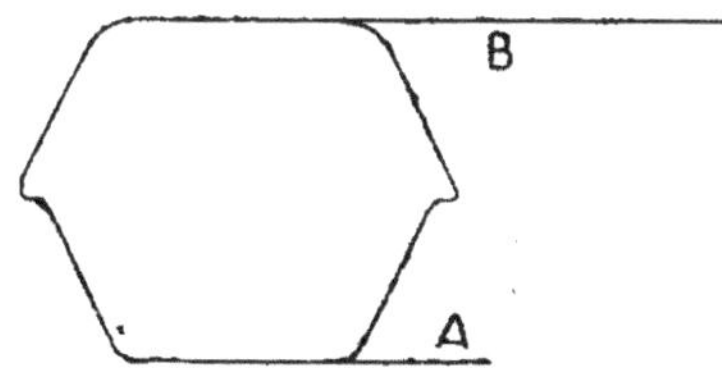

Fig. 57. — Section d'induit ouverte.

Le prix de revient du montage d'un induit est de :
Main-d'œuvre :

	fr.	c.
Bobinage de l'induit	30	»
Capotages, cerclages, garnitures	16	»
Imprévus.	5	»
Total. . . .	51	»

Fournitures :

	fr.	c.
2 mètres toile grise.	2	»
Fil acier pour cerclages	2	50
Etain.	2	»
Charbon de bois	1	»
Toile isolante.	5	»
Peinture isolante	0	50
105 baguettes de bois, recouvrement des sections	1	50
Carton bristol.	2	»
Total. . . .	16	50

Prix de revient :

        105 sections. 197 40
        Montage de l'induit . . . .   51 »
        Fournitures. 16 50
                                        Total. . . .   264 90

Tous ces prix sont basés sur des travaux exécutés dans des ateliers
de réparations et d'entretien.

La jonction au collecteur (fig. 58) doit être faite avec soin.

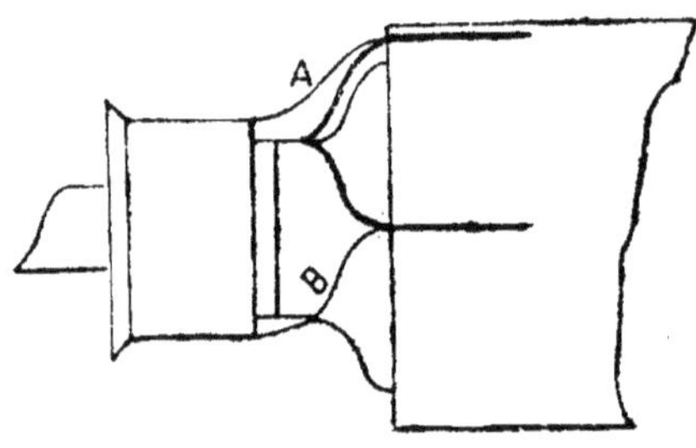

Fig. 58. — Mise au collecteur d'une section.

Une fois les soudures terminées on doit vérifier les lames les unes
après les autres afin d'enlever les gouttelettes d'étain qui auraient pu
couler et qui pourraient mettre en court-circuit plusieurs lames du collecteur.

Disposition. — Les balais calés à 90 degrés frottent normalement
sur le collecteur.

Les paliers de l'induit sont en métal blanc et ajustés dans un loge-
ment ménagé dans la carcasse.

Un godet à graisse est disposé sur le chapeau du palier pour le
graissage.

Les paliers porteurs sur essieux, sont munis d'un réservoir à huile
à leur partie inférieure. L'huile de ce réservoir vient lubrifier la portée
au moyen d'un lécheur en feutre.

La partie supérieure est munie d'un godet à graisse identique aux
paliers d'induit.

Les engrenages, en acier coulé, sont clavetés directement sur les
essieux. Leur grand diamètre est de 585 millimètres et le nombre
de dents de 67.

Ces engrenages sont en contact avec des pignons également en
acier claveté, sur les arbres des induits avec emmanchement conique.
Le grand diamètre d'un de ces pignons est de 135 millimètres et le

nombre de dents de 14. La réduction de ces engrenages est donc de 4,78.

Le moteur GE 800 complet pèse environ 800 kilos avec le train d'engrenage ; sa force est de 25 chevaux ; les induits à trois tours donnent une vitesse d'environ 25 kilomètres à l'heure et les quatre tours de 12 kilomètres.

Moteur du second cas. — Les moteurs du second cas sont calqués comme dispositions électriques sur ceux du premier cas. A remarquer seulement que les quatre pôles sont munis de bobines d'induction. On augmente de ce fait le refroidissement des bobines.

La disposition mécanique seule change. La suspension est faite sur la coquille supérieure ; de cette façon la partie inférieure se développe en dessous de la voiture.

Les réparations et les changements se font dans une fosse.

Nous allons donner les détails des manœuvres à faire pour réparer ou changer une des pièces de ces moteurs.

Nous représentons (fig. 59) la vue du moteur qui va nous servir pour faire notre description.

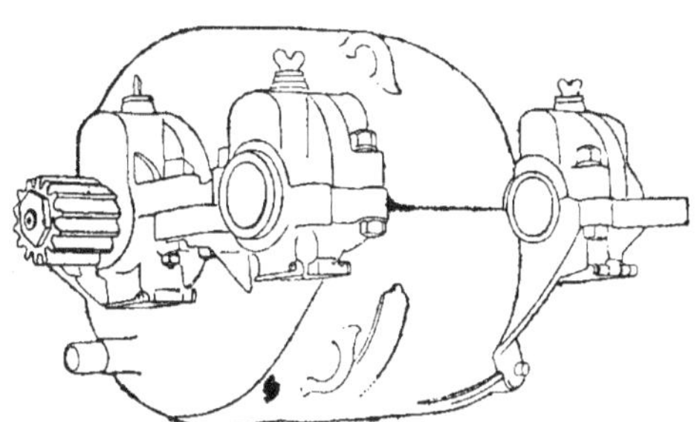

Fig. 59. — Moteur de traction carcasse
à développement inférieur.

Démontage des inducteurs du bas. — Enlever les boulons qui réunissent les deux parties de la carcasse en ayant soin de fixer un palan de retenue à l'intérieur de la voiture.

Les boulons enlevés faire courir le palan peu à peu jusqu'à ce que la carcasse soit complètement ouverte.

Dans cette manœuvre l'induit doit être fixé à la coquille du haut (fig. 60) ; on a ainsi plus de liberté pour travailler aux bobines d'inducteurs du bas.

Démontage des inducteurs du haut. — Exécuter la même manœuvre que précédemment, mais en ayant soin de fixer les paliers de l'induit sur la coquille inférieure (fig. 61) ; de cette façon, l'induit étant attenant à la coquille du bas pivote avec cette dernière et la partie supérieure laisse à découvert les inducteurs.

Démontage de l'induit. — Même manœuvre en ayant soin de laisser l'induit fixé à la partie supérieure.

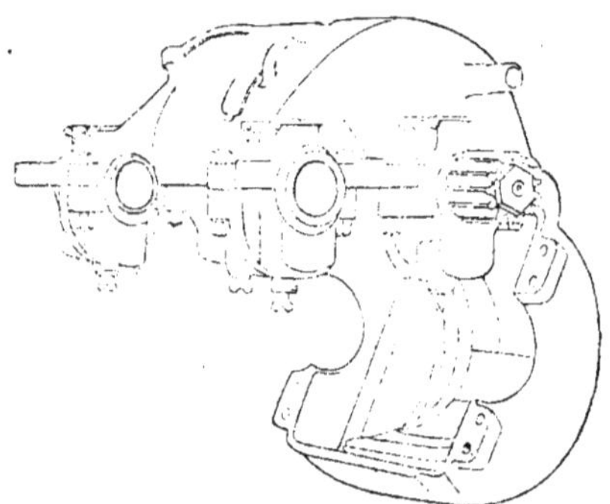

Fig. 60. — Moteur ouvert, l'induit fixé
à la coquille supérieure.

Amener un chariot spécial, de hauteur variable ; faire toucher le plateau du chariot sur l'induit et enlever les boulons qui retiennent les paliers.

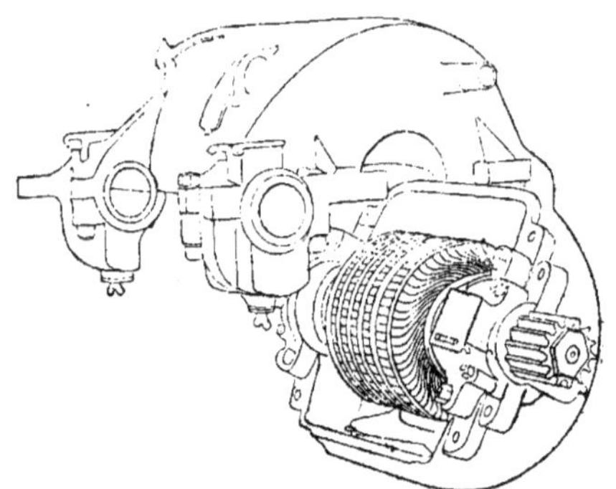

Fig. 61. — Moteur ouvert, l'induit fixé à la coquille
inférieure.

A partir de ce moment l'induit repose en entier sur le plateau du chariot.

Abaisser le plateau et pousser le chariot dans la fosse, qui doit se prolonger au-delà de la voiture pour que l'on puisse élinguer l'induit et le monter sur le quai de la remise.

F_{IG}. 65. — DISE AUTOMOTRICE

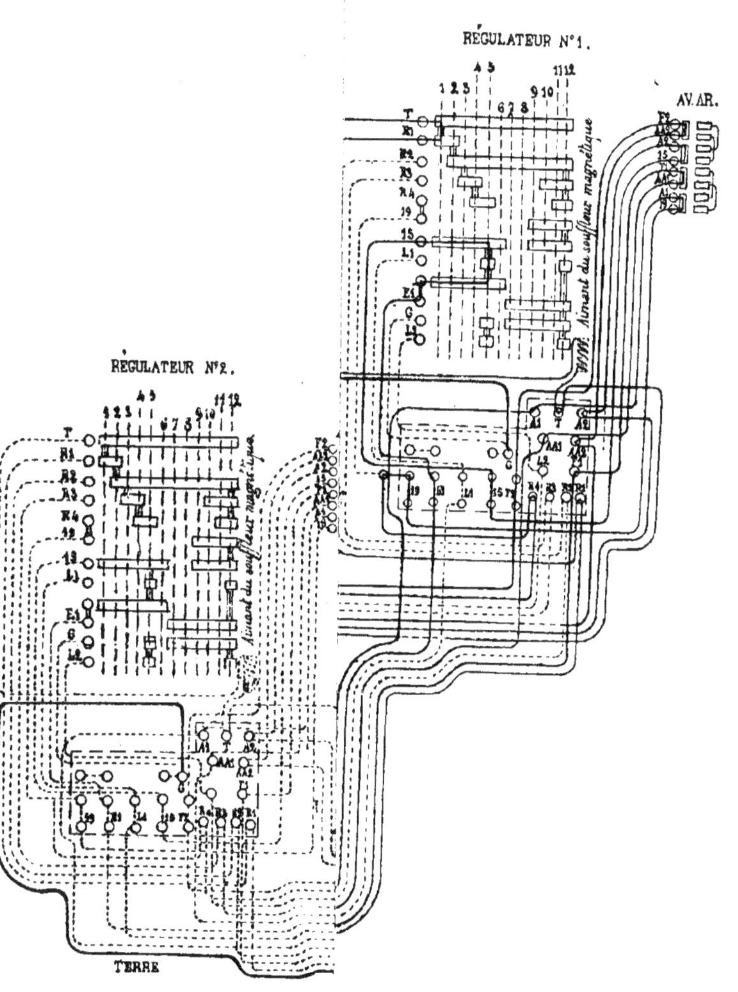

FIG. 65. — DISPOSITION GÉNÉRALE DES CABLES ET DES APPAREILS SUR UNE VOITURE AUTOMOTRICE ÉQUIPÉE AVEC MOTEURS **G E 800** & RÉGULATEURS **K 2**

(Matériel de la Compagnie THOMSON-HOUSTON)

MARCHE SUR LA POSITION N° 1 DU RÉGULATEUR

Les deux moteurs en série avec une résistance de 6 ohms 7.

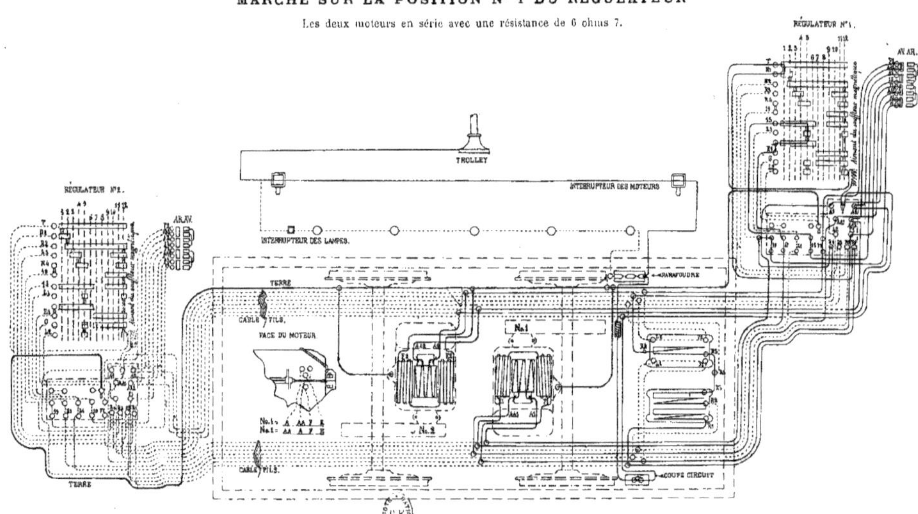

FIG. 65. — DISE AUTOMOTRICE

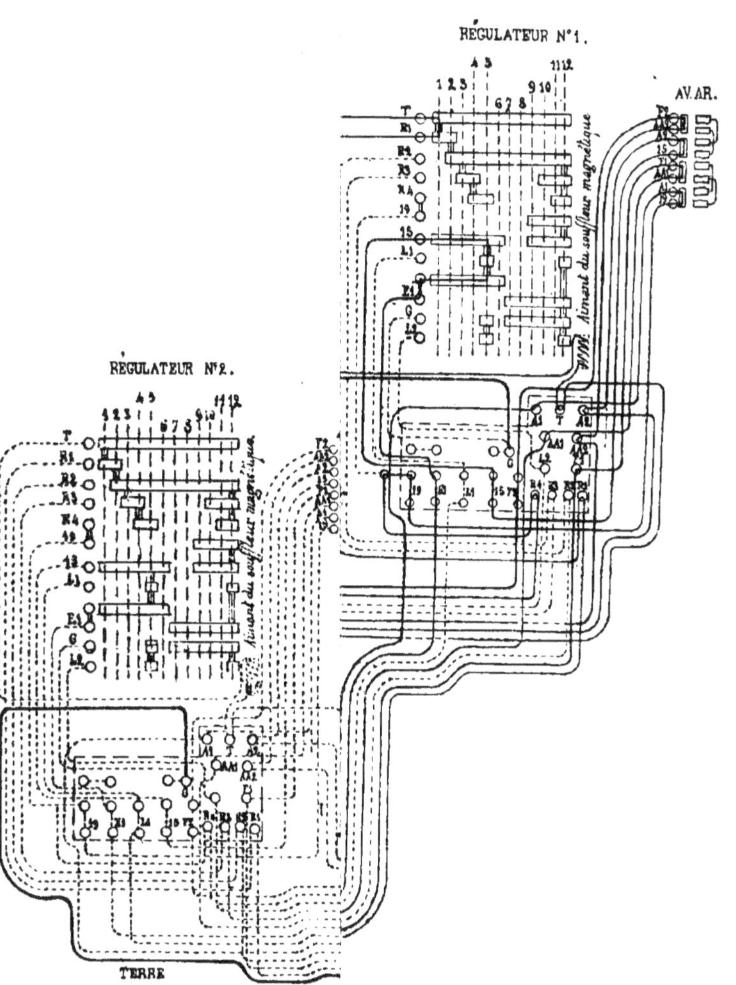

Fig. 66. — DISPᴇ AUTOMOTRICE

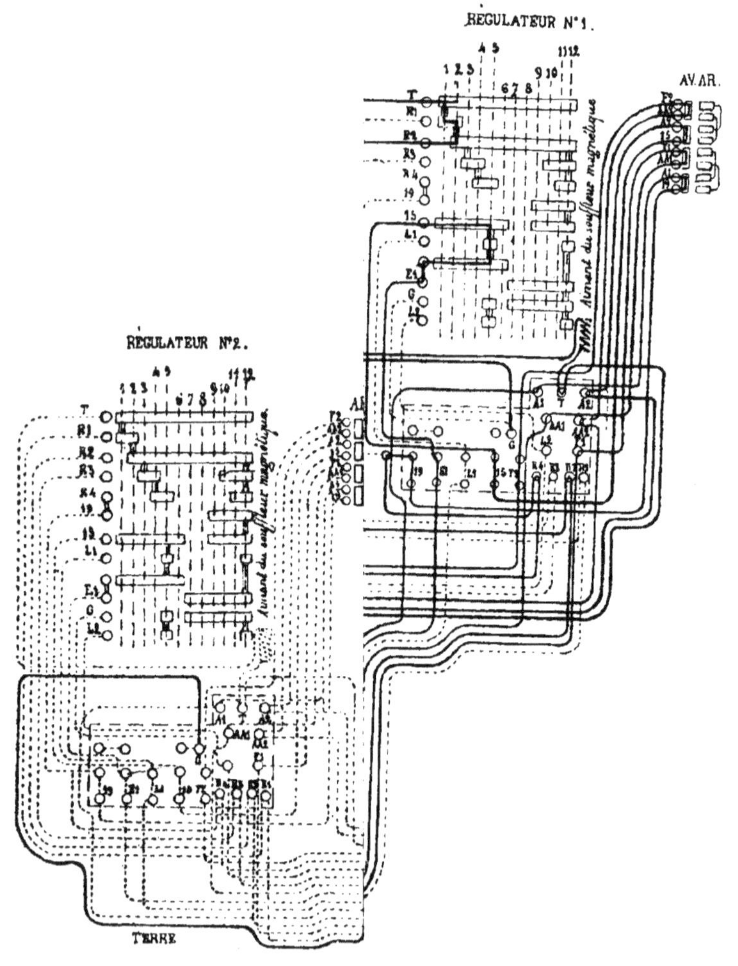

FIG. 66. — DISPOSITION GÉNÉRALE DES CABLES ET DES APPAREILS SUR UNE VOITURE AUTOMOTRICE
ÉQUIPÉE AVEC MOTEURS G E 800 & RÉGULATEURS K 2
(Matériel de la Compagnie THOMSON-HOUSTON)

MARCHE SUR LA POSITION N° 2 DU RÉGULATEUR
Les deux moteurs en série avec une résistance de 2 ohms 5.

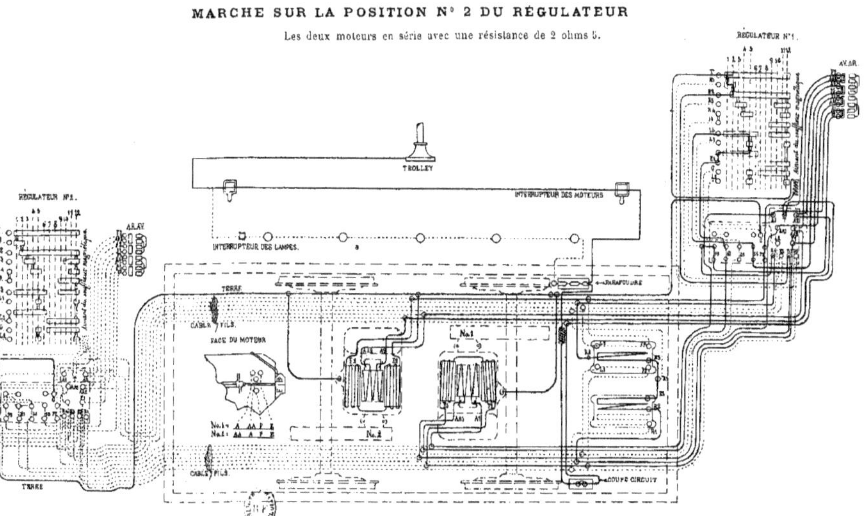

TROLLEY
INTERRUPTEUR DES MOTEURS
INTERRUPTEUR DES LAMPES.
RÉGULATEUR N°1.
AV.AR.
RÉGULATEUR N°1.
AR.AV.
TERRE
CABLE 7 FILS.
FACE DU MOTEUR
PARAFOUDRE
N°1
TERRE
CABLE 7 FILS.
COUPE CIRCUIT

Fig. 66. — DISPE AUTOMOTRICE

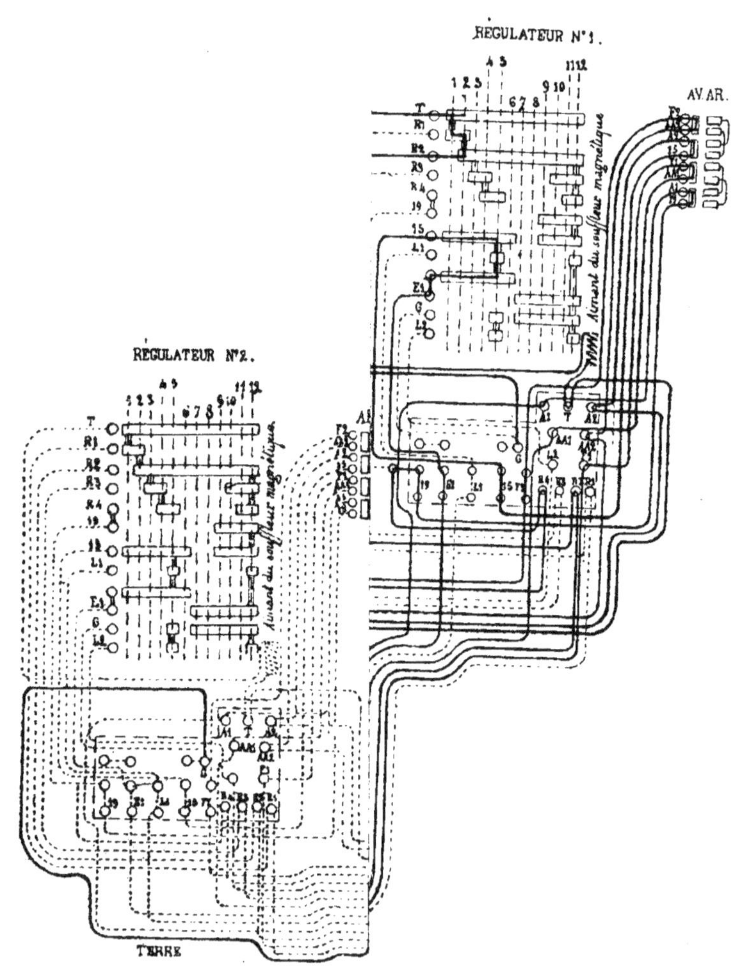

Fig. 67. — DISPE AUTOMOTRICE

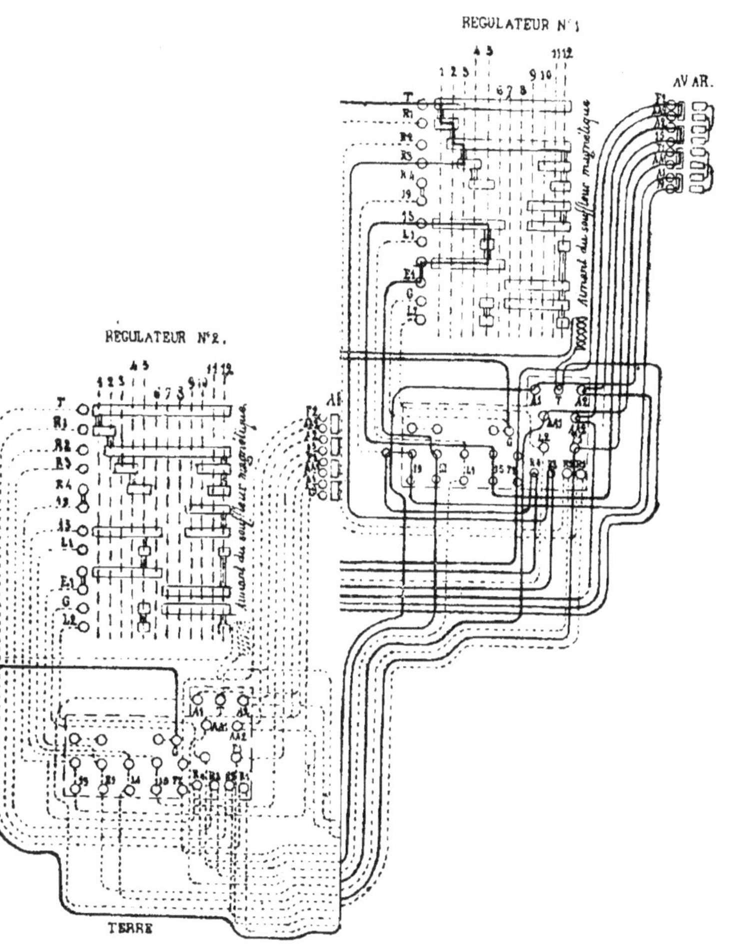

Fig. 67. — DISPOSITION GÉNÉRALE DES CABLES ET DES APPAREILS SUR UNE VOITURE AUTOMOTRICE ÉQUIPÉE AVEC MOTEURS **G E 800** & RÉGULATEURS **K 2**

(*Matériel de la Compagnie THOMSON-HOUSTON*)

MARCHE SUR LA POSITION N° 3 DU RÉGULATEUR

Les deux moteurs en série avec une résistance de 1 ohm.

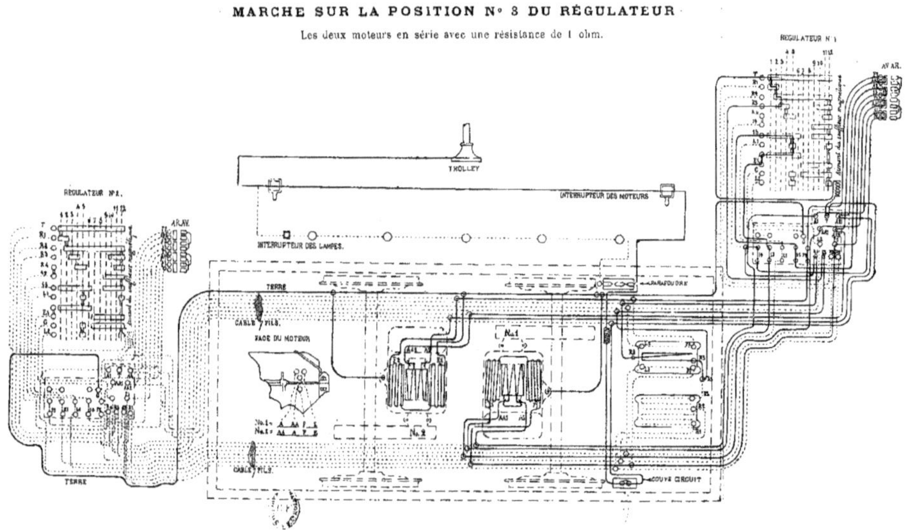

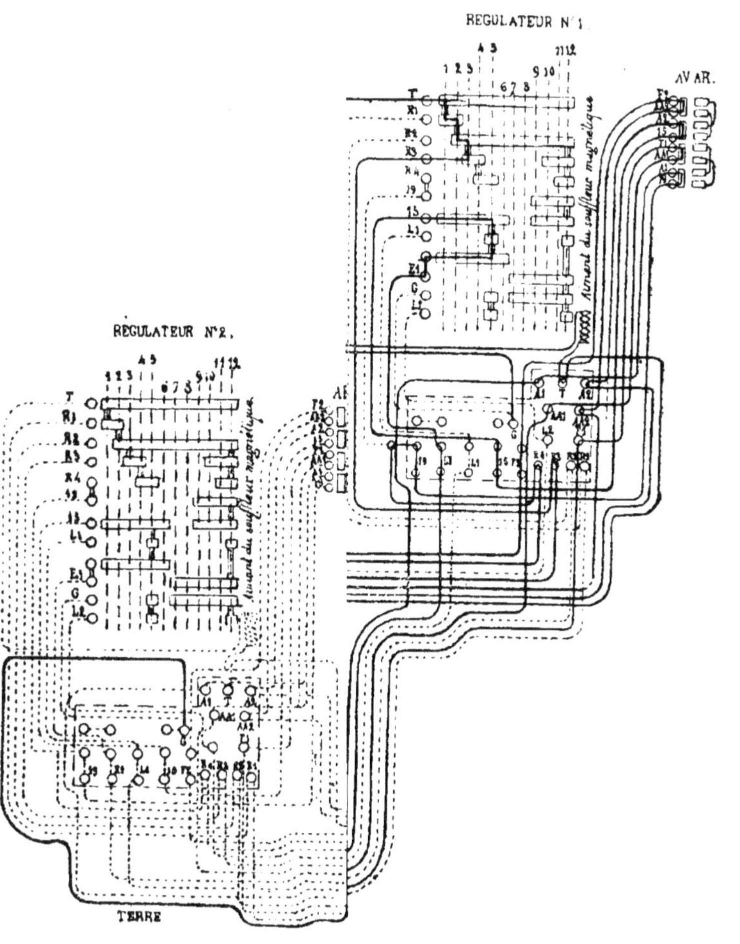

Fɪɢ. 67. — DISÆ AUTOMOTRICE

Position 4. — Les
Position 5. — Les

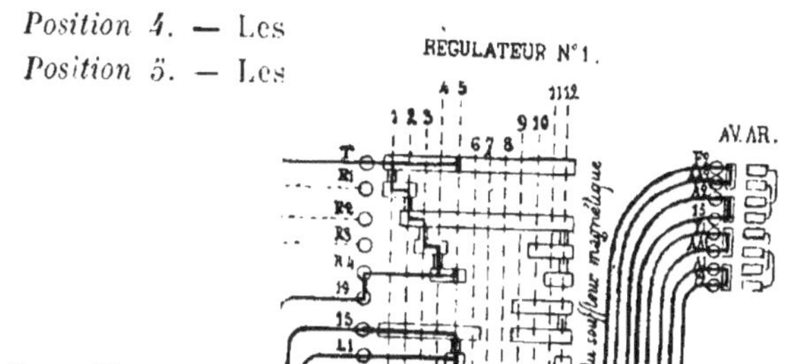

A SUPPRIMER

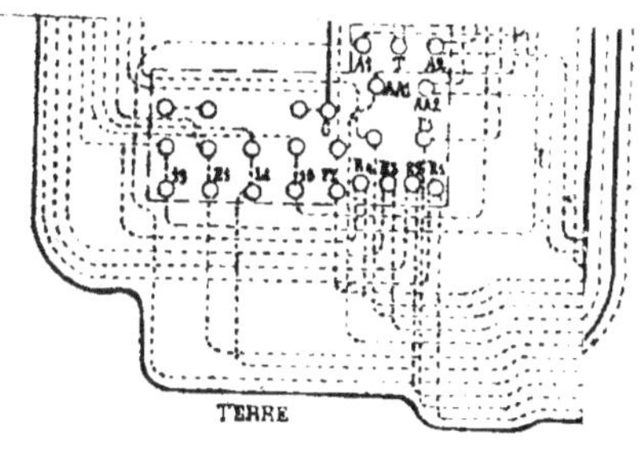

FIG. 68. — DIS... AUTOMOTRICE

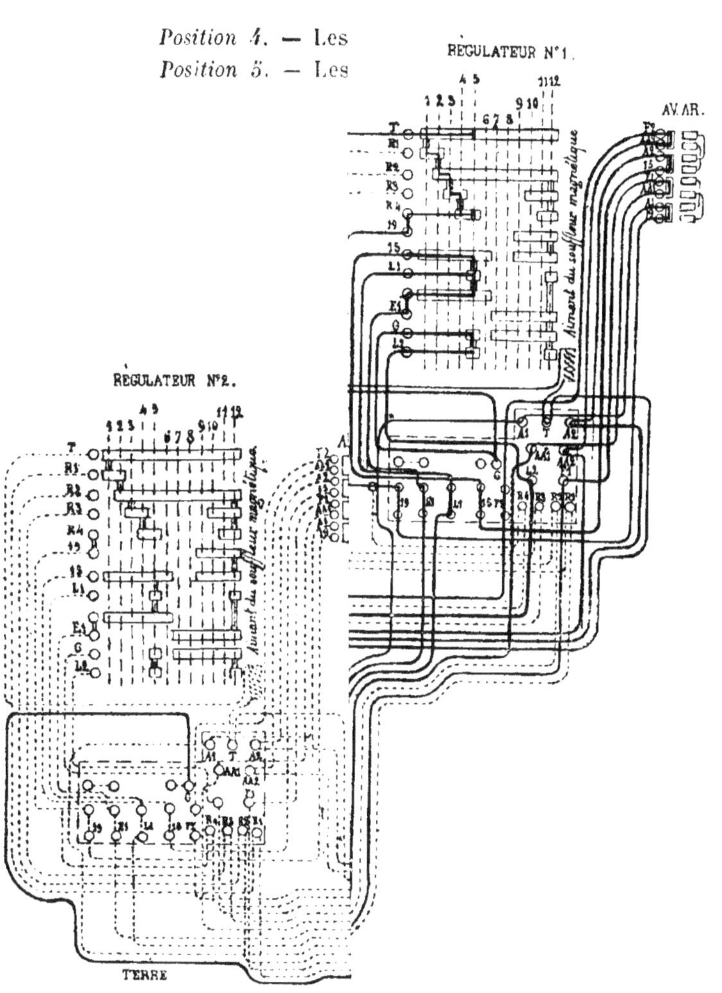
Position 4. — Les
Position 5. — Les
REGULATEUR N°1.
AV. AR.
Aimant du souffleur magnétique
REGULATEUR N°2.
Aimant du souffleur magnétique
TERRE

Fig. 68. — DISPOSITION GÉNÉRALE DES CABLES ET DES APPAREILS SUR UNE VOITURE AUTOMOTRICE ÉQUIPÉE AVEC MOTEURS G E 800 & RÉGULATEURS K 2

(Matériel de la Compagnie THOMSON-HOUSTON)

MARCHE SUR LES POSITIONS Nᵒˢ 4 et 5 DU RÉGULATEUR

Position 4. — Les deux moteurs en série sans résistance
Position 5. — Les deux moteurs en série sans résistance avec un shunt de 1 ohm 7 sur les inducteurs

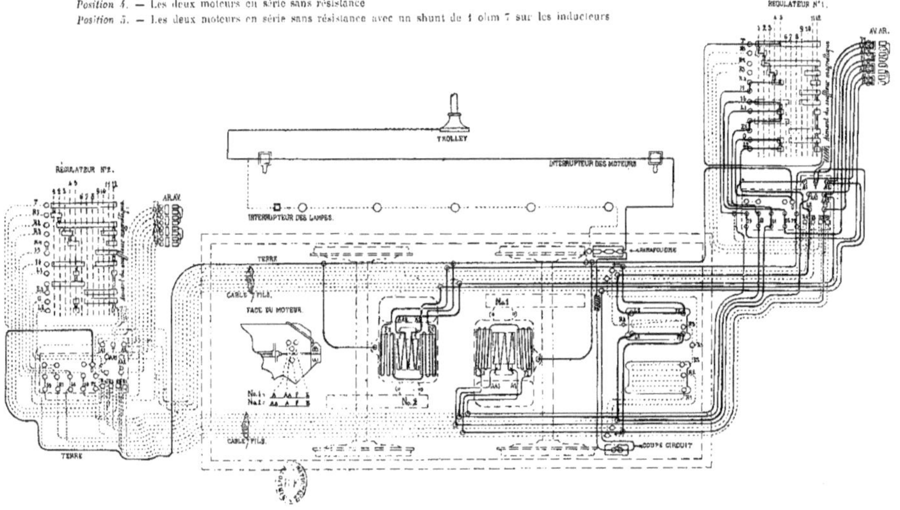

Fig. 68. — DIS AUTOMOTRICE

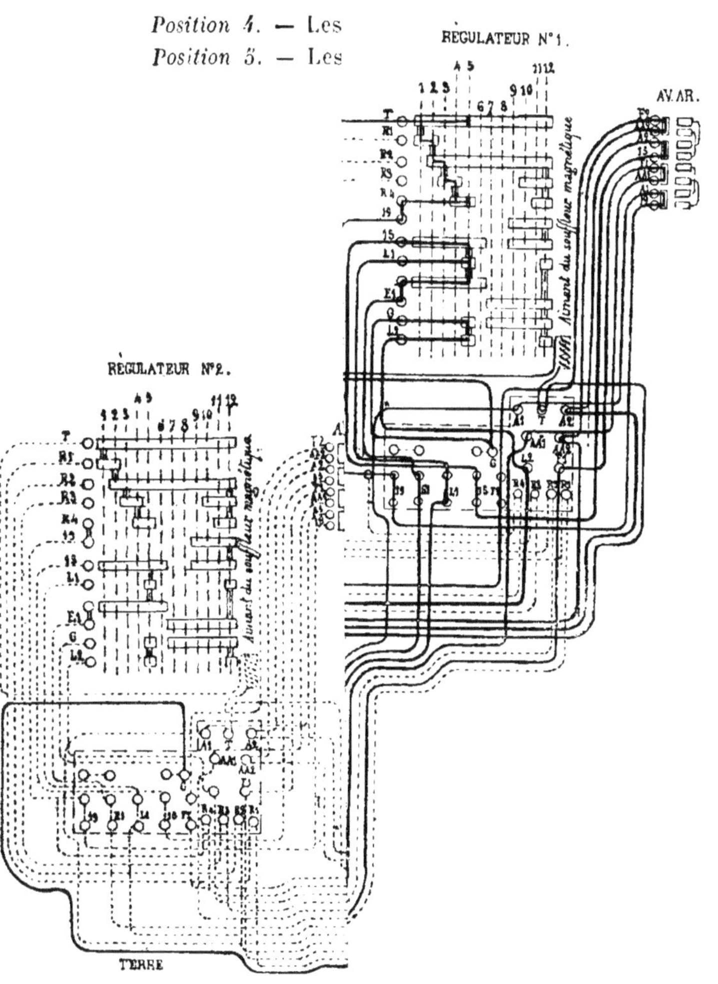

Position 4. — Les
Position 5. — Les
RÉGULATEUR N°1.
AV. AR.
RÉGULATEUR N°2.
TERRE

FIG. 69. — DISE AUTOMOTRICE

Position 6. — Le

Position 7. — Un

Position 8. — Un

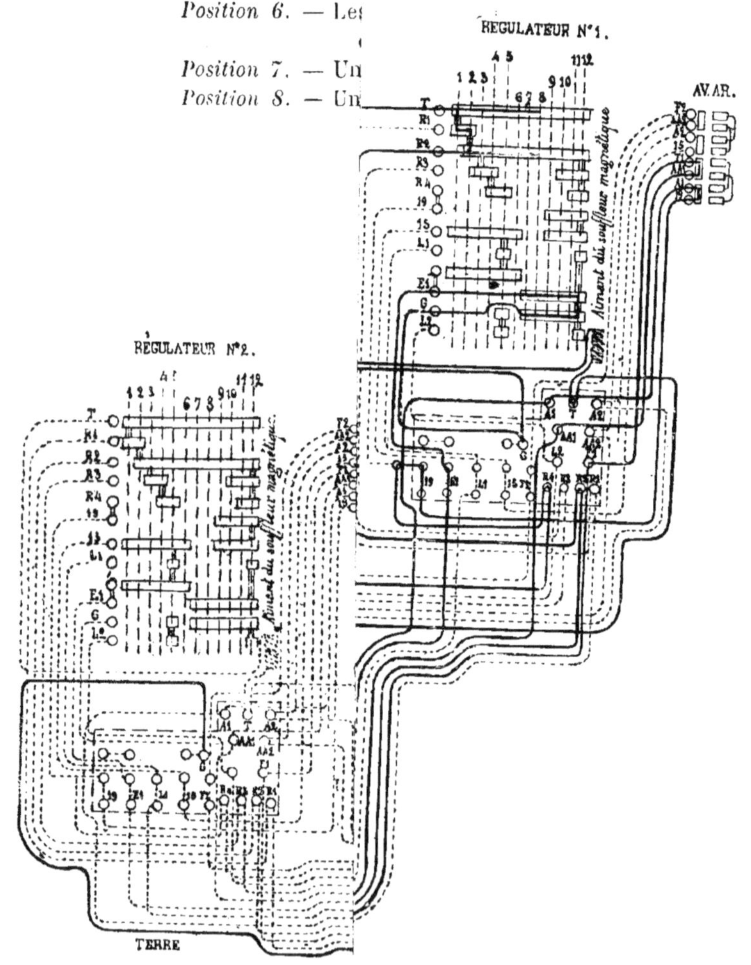

Fig. 69. — DISPOSITION GÉNÉRALE DES CABLES ET DES APPAREILS SUR UNE VOITURE AUTOMOTRICE

ÉQUIPÉE AVEC MOTEURS **G E 800** & RÉGULATEURS **K 2**

(*Matériel de la Compagnie THOMSON-HOUSTON*)

MARCHE SUR LES POSITIONS Nᵒˢ 7 et 8 DU RÉGULATEUR

Position 6. — Les deux moteurs en série avec une résistance de 2 ohms 5 (même position que n° 2), puis rupture
du circuit de l'un des moteurs.
Position 7. — Un seul moteur avec une résistance de 2 ohms 5.
Position 8. — Un seul moteur avec une résistance de 2 ohms 5.

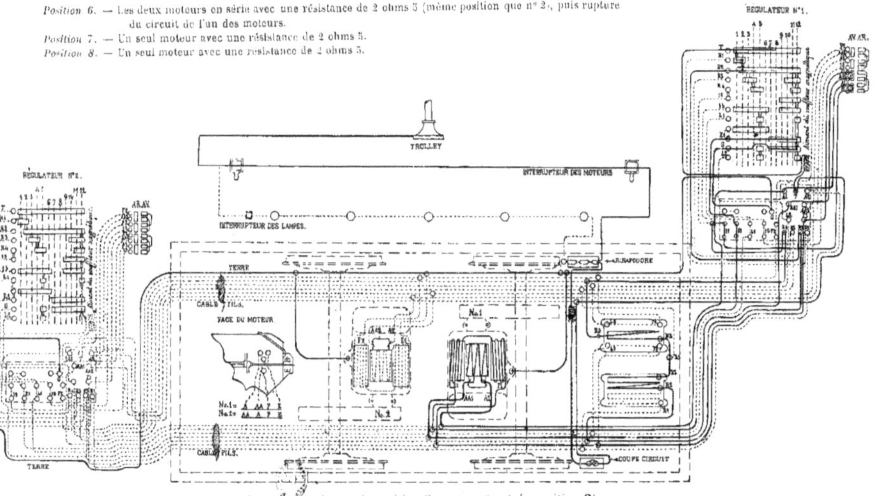

(*Pour la marche sur la position* **6**, *se reporter à la position* **2**).

Fig. 69. — DISE AUTOMOTRICE

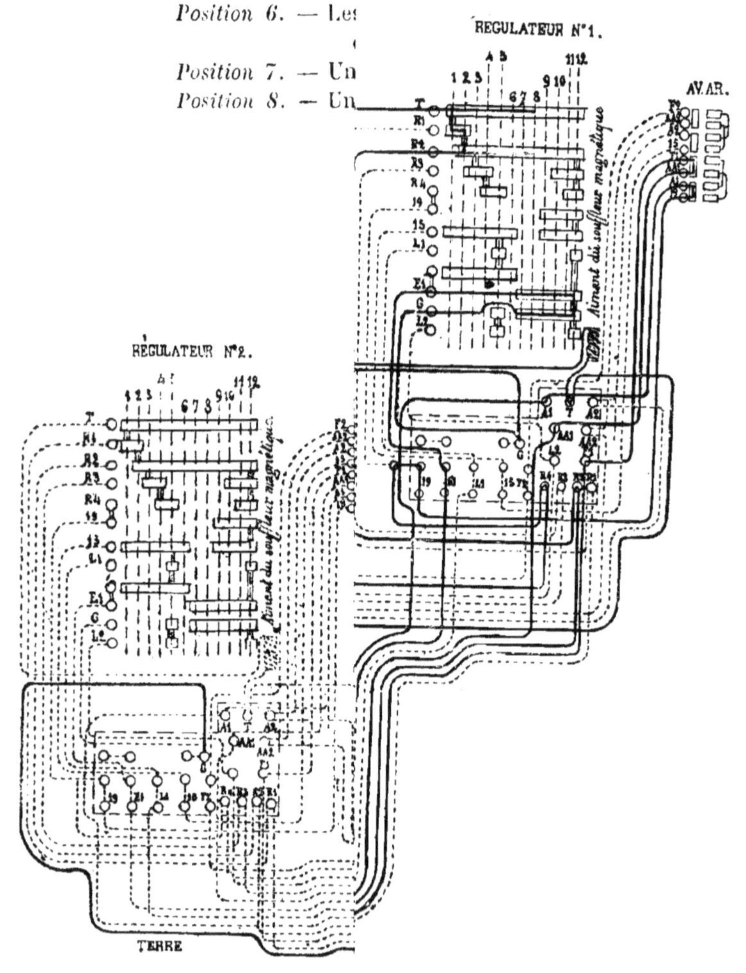

FIG. 70. — DISP AUTOMOTRICE

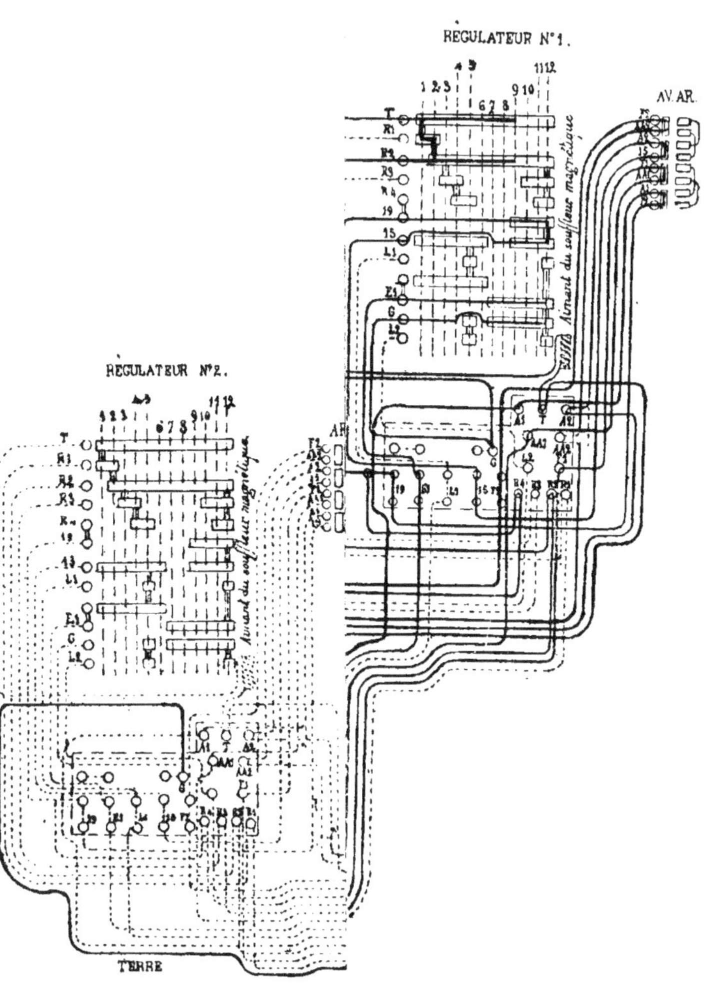

Fɪɢ. 70. — DISPOSITION GÉNÉRALE DES CABLES ET DES APPAREILS SUR UNE VOITURE AUTOMOTRICE ÉQUIPÉE AVEC MOTEURS **G E 800** & RÉGULATEURS **K 2**

(Matériel de la Compagnie THOMSON-HOUSTON)

MARCHE SUR LA POSITION Nº 9 DU RÉGULATEUR

Les deux moteurs en parallèle avec une résistance de 2 ohms 5.

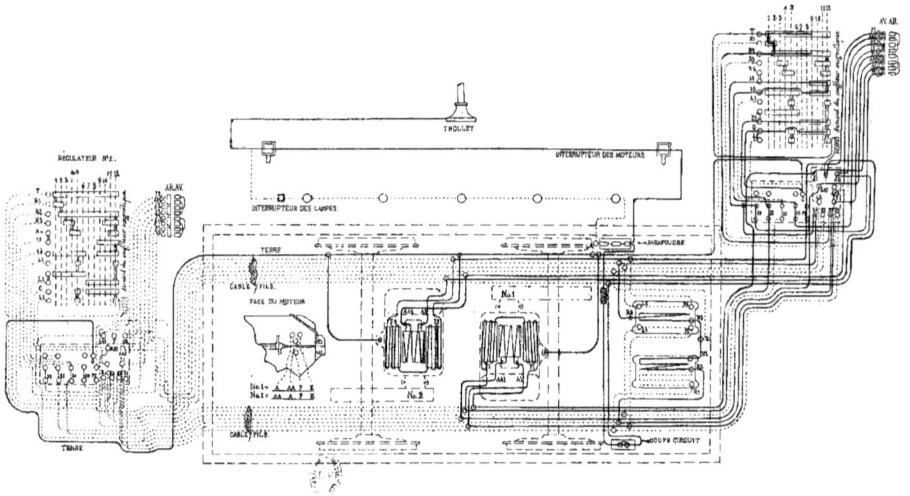

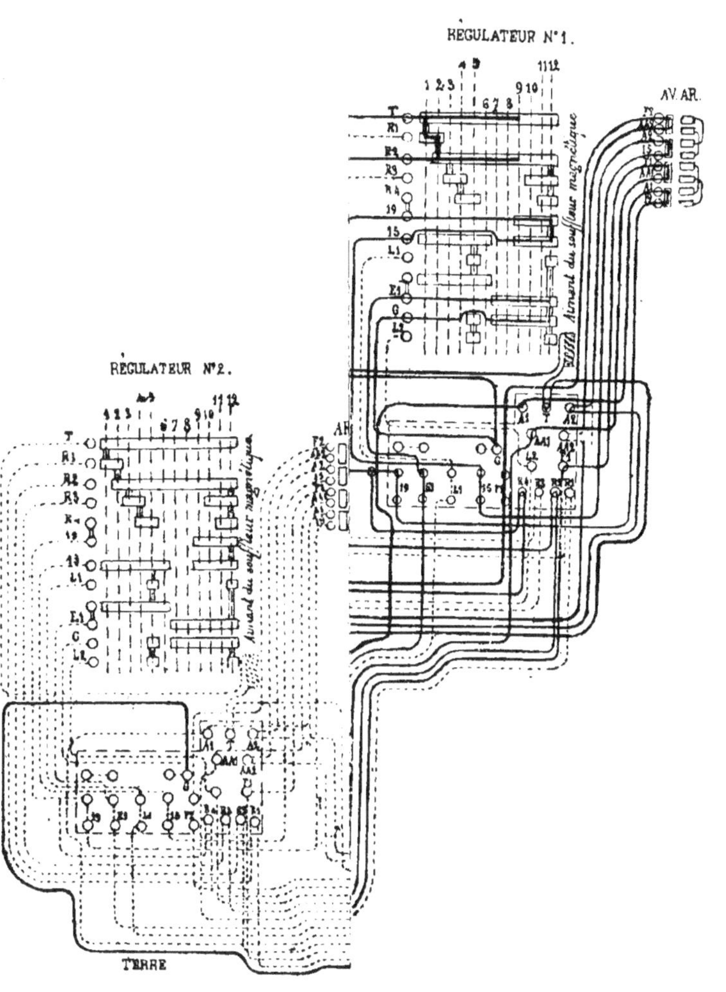

Fig. 70. — DISP...AUTOMOTRICE

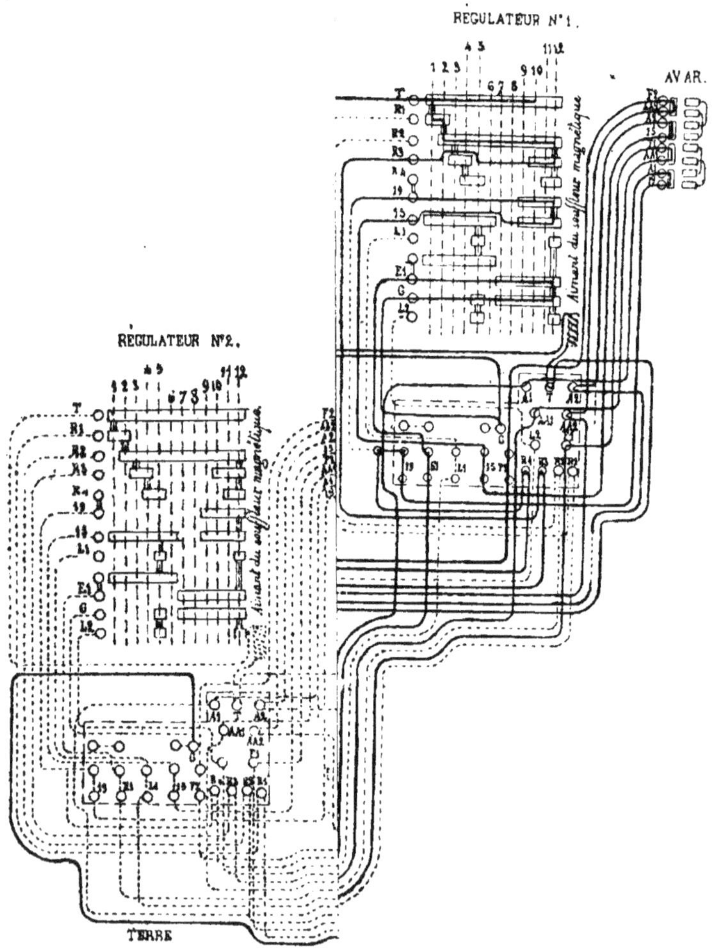

Fɪɢ. 71. — DISE AUTOMOTRICE

Fig. 71. — DISPOSITION GÉNÉRALE DES CABLES ET DES APPAREILS SUR UNE VOITURE AUTOMOTRICE ÉQUIPÉE AVEC MOTEURS **G E 800** & RÉGULATEURS **K 2**

(Matériel de la Compagnie THOMSON-HOUSTON)

MARCHE SUR LA POSITION N° 10 DU RÉGULATEUR

Les deux moteurs en parallèle avec une résistance de 1 ohm.

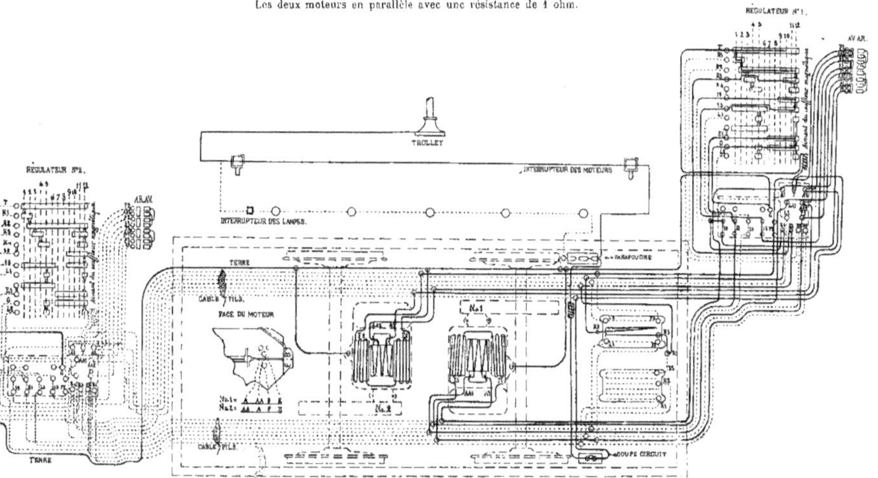

Fig. 71. — DISE AUTOMOTRICE

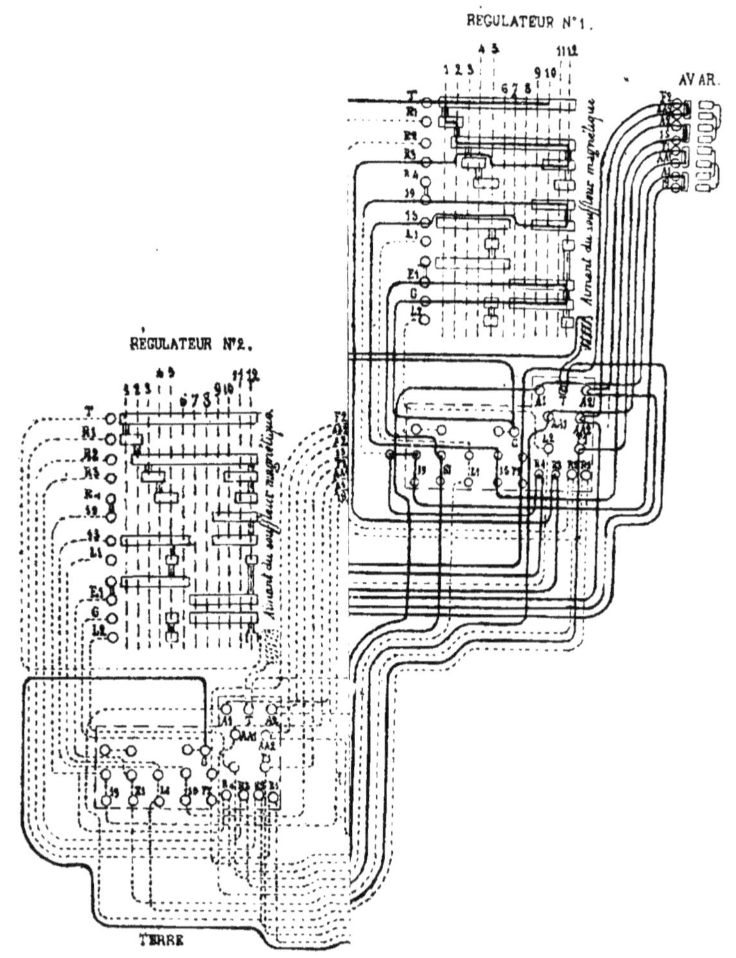

FIG. 72. — DIS AUTOMOTRICE

Position 11. — Le
Position 12. — Le

RÉGULATEUR N°1.
AV. AR.
Aimant du souffleur magnétique

RÉGULATEUR N°2.
Aimant du souffleur magnétique

TERRE

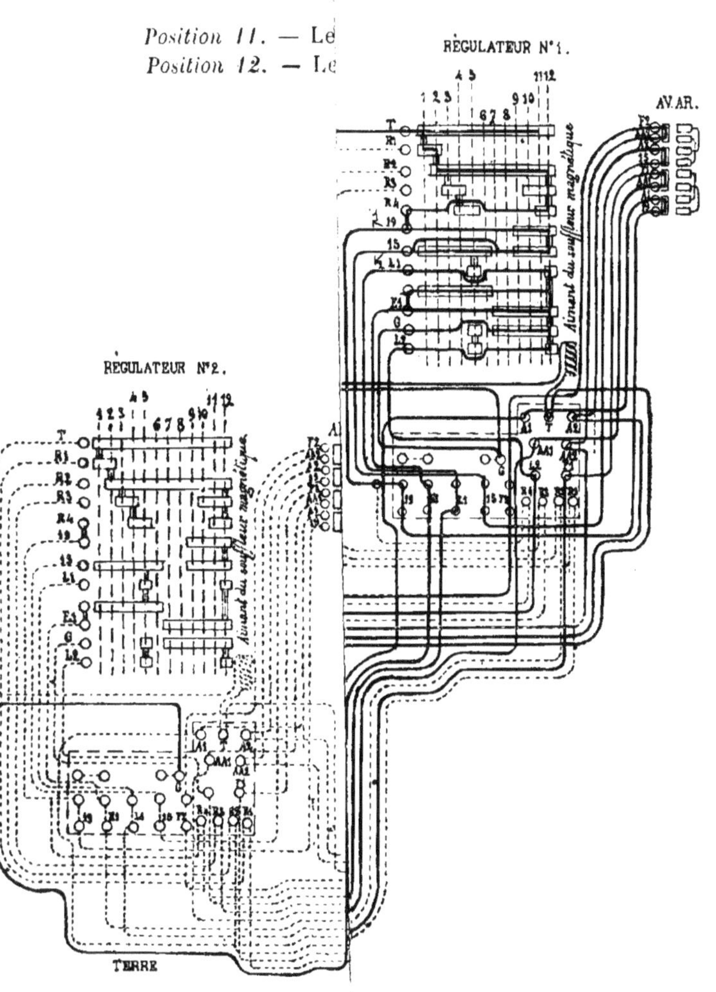

Fig. 72. — DISPOSITION GÉNÉRALE DES CABLES ET DES APPAREILS SUR UNE VOITURE AUTOMOTRICE ÉQUIPÉE AVEC MOTEURS **K E 800** & RÉGULATEURS **K 2**

(*Matériel de la Compagnie THOMSON-HOUSTON*)

MARCHE SUR LES POSITIONS N°s 11 et 12 DU RÉGULATEUR

Position 11. — Les deux moteurs en parallèle sans résistance.
Position 12. — Les deux moteurs en parallèle sans résistance avec un shunt de 1 ohm 8 sur les inducteurs.

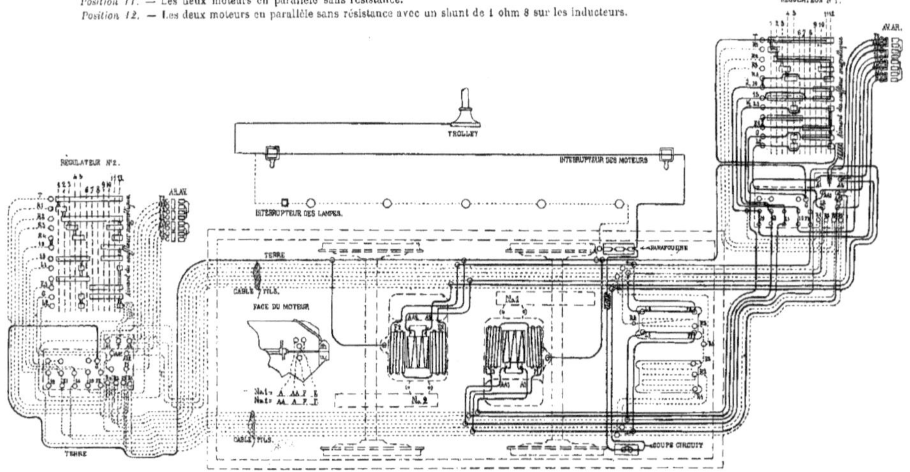

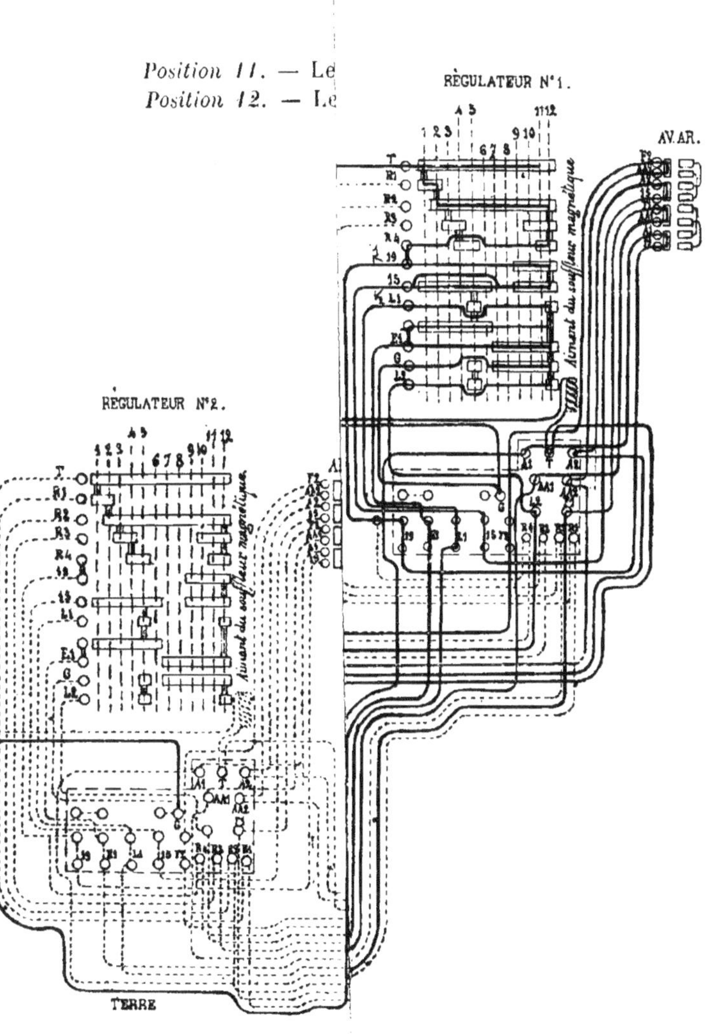

Fig. 72. — DIS[...] AUTOMOTRICE

Position 11. — Le[...]
Position 12. — Le[...]

Régulateurs. — Les régulateurs sont les appareils destinés à réaliser les diverses combinaisons des circuits de la voiture.

Ils se composent généralement d'une carcasse en fonte munie d'une porte en tôle (fig. 62).

La partie supérieure est fermée par un plateau en bronze sur lequel sont indiquées par une graduation les différentes positions de marche.

L'intérieur reçoit un cylindre qui porte les segments en cuivre devant

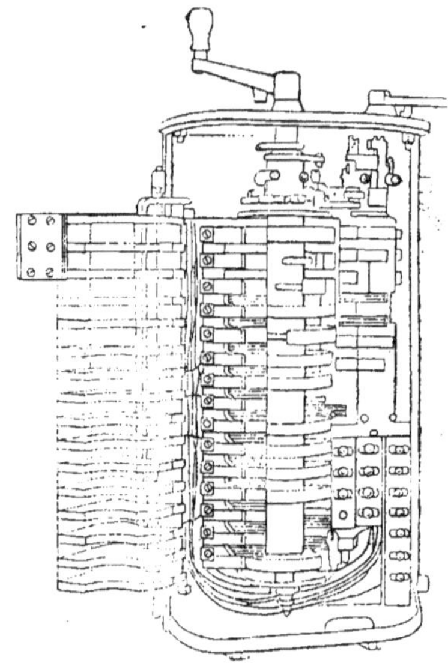

Fig. 62. — Régulateur ouvert.

servir aux différents contacts de mise en circuit. Les contacts se font au moyen de doigts en cuivre munis en leur point de fixation d'un ressort plat.

Ces doigts de contact sont fixés en regard des segments du cylindre. Au point de fixation de chacun d'eux existe une borne dans laquelle vient se souder un câble qui communique avec la borne du tableau du régulateur. C'est dans cette borne que vient se serrer le bout du câble des manches correspondant à la touche.

La manœuvre du cylindre se fait au moyen d'une manivelle placée sur le plateau du régulateur.

Cette manivelle porte un index pour la marche correspondant aux différentes graduations qui sont indiquees sur le plateau.

C'est également dans le régulateur que l'inversion de marche s'effectue, au moyen d'un petit cylindre placé à l'intérieur et sur le côté de l'appareil. La commande de l'inverseur se fait au moyen d'une manette placée également sur le couvercle du régulateur. La manette fonctionne dans deux sens ; la position avant correspond à la marche en avant ; la position arrière à la marche arrière ; la position du milieu, au repos absolu.

Une disposition spéciale permet aussi de mettre hors circuit l'un des moteurs. Cette manœuvre se fait au moyen de deux petits interrupteurs disposés au bas du régulateur sur le tableau.

Il suffit de relever un de ces interrupteurs pour isoler un moteur.

Il est essentiel que tous les contacts soient bien faits et que les attaques de plusieurs touches à la fois se fassent ensemble.

Une vis de réglage est disposée sur chaque doigt de contact pour régler la tension sur le segment.

Une bobine de soufflage magnétique est branchée avant l'arrivée du courant sur la première touche.

Cette bobine a pour but de souffler l'arc qui se produit au moment où l'on coupe le courant.

Distribution des circuits de la voiture. — La distribution du circuit principal se fait au moyen de manches qui contiennent les câbles.

Ces manches se construisent en deux faisceaux que l'on dénomme manche A, manche B.

Elles contiennent chacune le nombre de câbles nécessaires à la distribution des différents circuits de la voiture.

Chaque câble est étiqueté avec un repère qui sert à le connecter au tableau des régulateurs, aux moteurs, aux résistances ou aux divers appareils de l'équipement.

Nous représentons (fig. 63) le détail des deux manches de l'équipement K2 de la compagnie Thomson Houston.

Pour la confection d'un de ces faisceaux on dispose des madriers de la longueur totale des câbles. Cette longueur varie avec les dimensions de la caisse et les coudes que l'on doit faire pour loger les manches.

A chaque extrémité de ces madriers on dispose des pointes très fortes et on en dispose également aux endroits où l'on doit greffer les dérivations (fig. 64).

Ceci établi on n'a plus qu'à allonger les câbles entre ces pointes et à les dénuder aux emplacements des dérivations.

Ce travail fait, on étiquette tous les points séparément et l'on présente la manche en toile que l'on ouvre aux endroits où doivent sortir les dérivations.

On introduit ensuite les câbles dans la manche et on effectue les épissures des dérivations.

Pour assurer un bon contact il est nécessaire de souder ces épissures.

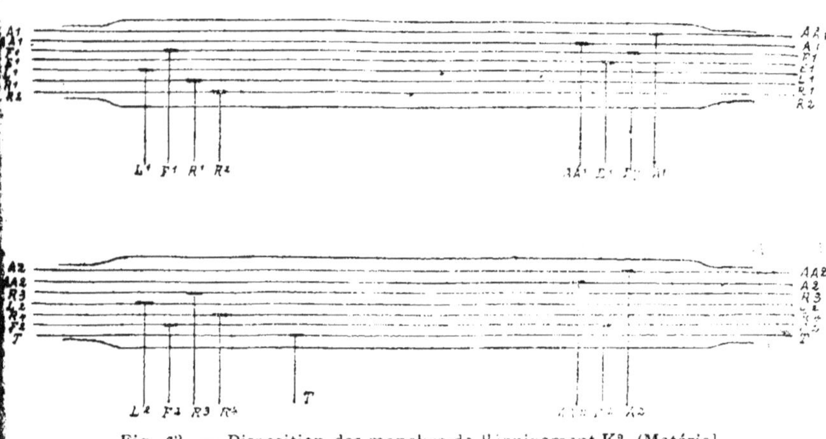

Fig. 63. — Disposition des manches de l'équipement K². (Matériel de la Compagnie Thomson-Houston.)

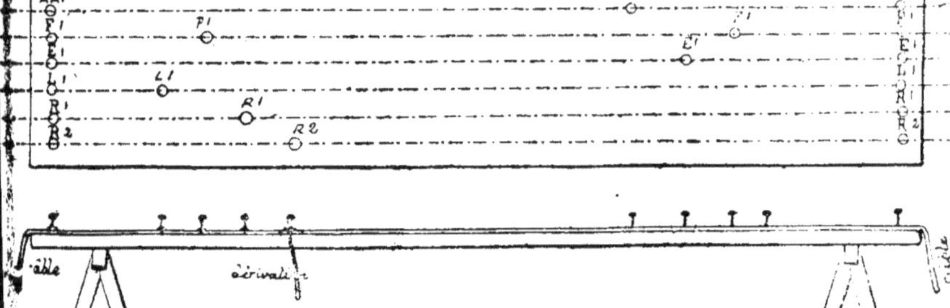

Fig. 64. — Banc pour la construction des manches.

Ceci fait, on isole les parties dénudées avec de la gomme-gutte et on recoud ensuite la manche en ayant soin, une fois les coutures terminées, d'appliquer plusieurs couches de toile isolante.

Les extrémités des manches sont également cousues et garnies de toile isolante. Il ne doit sortir aux extrémités que les longueurs de câbles nécessaires pour connecter aux bornes du tableau du régulateur.

Ce montage terminé, passer plusieurs couches de peinture isolante et laisser sécher avant la fixation.

Fixation des manches. — Cette fixation se fait au moyen de colliers en cuir et en bois.

Nous ne saurions trop recommander de placer les manches sous la voiture, le plus à l'abri possible des éclaboussures, et de les protéger au niveau des roues, avec un double isolement au contact de parties métalliques. Ce point est essentiel afin d'éviter des courts-circuits.

Interrupteurs principaux. — On dispose généralement sur chaque plate-forme un interrupteur principal. Cet appareil doit être à la portée du mécanicien et pour cette raison on le fixe ordinairement sous la marquise de la voiture.

Il se compose ordinairement d'un couteau en cuivre qui prend contact entre deux griffes. Pour éviter les coups de feu à la rupture on intercale un souffleur magnétique.

Quelques-uns de ces appareils sont automatiques et peuvent se régler pour un ampérage déterminé.

Résistances. — C'est au moyen des résistances que l'on règle le démarrage de la voiture.

Elles se composent d'une carcasse en fonte dans laquelle on dispose des rangées de fer doux plié en zig-zag et isolées entre elles par des rubans d'amiante.

On se sert aussi de résistances construites au moyen de spires de fil en maillechort.

Ces appareils se montent sous la voiture et loin des parties combustibles à cause de la température très élevée qu'elles peuvent atteindre.

On les isole ordinairement du plancher par une forte épaisseur d'amiante.

Coupe-circuits. — Les coupe-circuits fusibles doivent pouvoir être facilement visités par le mécanicien. On les fixe généralement sur le côté du truck de la voiture.

Ils portent deux bornes entre lesquelles se fixe le fusible. On intercale généralement un souffleur entre ces deux bornes.

La fermeture de la boîte doit être hermétique afin que cet appareil n'ait pas à subir de détériorations par suite d'une introduction possible d'eau de l'extérieur.

Parafoudres. — Toutes les voitures électriques sont pourvues d'un parafoudre.

Il se place sous la voiture, à distance des parties combustibles.

Cet appareil se compose ordinairement de deux pointes plus ou moins rapprochées entre lesquelles jaillit l'arc au moment du fonctionnement. Cet arc est coupé par un soufflage magnétique, disposé à l'intérieur de l'appareil.

Régulation. — Le régulateur permet d'obtenir successivement les vitesses de transition nécessaires au démarrage avec stationnement dans les positions correspondant aux vitesses normales de marche.

La vitesse du démarrage est fonction de l'inclinaison de la voie et du poids mort du train : elle sera d'autant plus faible que la rampe sera plus dure ou les voitures plus chargées.

De toutes façons les démarrages devront être effectués sans à-coups et gradués régulièrement.

Le système le plus employé et le plus économique est le système série-parallèle, qui permet de réduire à volonté, sensiblement de moitié, le courant dépensé et la vitesse, suivant les besoins du service.

Tableau n° 1.

MARCHE EN SÉRIE	*Positions de démarrage.*	1° Les deux moteurs série avec une résistance de 6 ohms 7. 2° Les deux moteurs série avec une résistance de 2 ohms 5. 3° Les deux moteurs série avec une résistance de 1 ohm.
	Positions de marche.	4° Les deux moteurs série sans résistance. 5° Les deux moteurs série sans résistance avec un shunt de 1 ohm 8 sur les inducteurs.
	Positions de transition.	6° Les deux moteurs série avec une résistance de 2 ohms 5, puis rupture du circuit d'un des moteurs. 7° Un seul moteur avec une résistance de 2 ohms 5. 8° Un seul moteur avec une résistance de 2 ohms 5.
MARCHE EN PARALLÈLE	*Positions de démarrage.*	9° Les deux moteurs en parallèle avec une résistance de 2 ohms 5. 10° Les deux moteurs en parallèle avec une résistance de 1 ohm.
	Positions de marche.	11° Les deux moteurs en parallèle sans résistance. 12° Les deux moteurs en parallèle sans résistance avec un shunt de 1 ohm 8 sur les inducteurs.

Nous allons en donner le détail sur un exemple pour en faciliter la compréhension au lecteur. Comme exemple nous prendrons le régulateur de l'équipement K² de la Compagnie Thomson-Houston.

Le tableau n° 1 donne les douze combinaisons et les figures de 65 à 72 la disposition générale des câbles et des appareils de l'équipement.

En suivant les schémas on se rendra compte exactement, à n'importe quel moment de la mise en circuit, du fonctionnement des appareils.

Les positions 6, 7 et 8, qui sont des positions de transition, ne sont pas marquées sur le couvercle du régulateur : elles ont tout simplement pour but de ralentir la voiture et d'assurer une bonne rupture des circuits dans le passage de la marche en série à la marche en parallèle.

Freins électro-magnétiques. — Le freinage électrique des voitures peut s'obtenir sans appareils spéciaux. Il suffit de mettre les moteurs en court-circuit l'un sur l'autre. Les induits tendent alors à tourner en sens contraire l'un de l'autre et l'arrêt est brusque.

Cette combinaison, qui est peu pratique, est peu usitée ; on a plutôt recours aux freins électro-magnétiques.

Frein Sperry. — Ce frein se compose d'un électro-aimant fixé au moteur, en regard duquel tourne un disque en fonte claveté sur l'essieu.

Lorsqu'un courant est envoyé dans l'électro-aimant, ce dernier, qui peut se déplacer latéralement, vient se coller contre le disque.

L'adhérence de l'électro sur le disque est d'autant plus forte que le courant est plus intense.

Le courant pour l'alimentation de ces freins n'est pas emprunté à la ligne, mais bien aux moteurs eux-mêmes qui, sous l'influence de la rotation que leur imprime le mouvement de la voiture, deviennent moteurs générateurs.

Le frein peut donc fonctionner lorsque le trolley n'est pas en contact avec le fil.

Par contre il ne peut produire l'arrêt complet qu'à la condition que la voiture soit en grande marche.

L'action du frein diminue donc avec le ralentissement de la voiture et devient nulle à l'arrêt.

L'intensité du courant circulant dans ce frein est réglée par des résistances intercalées dans le circuit et qui correspondent aux différentes touches du régulateur.

La vue schématique des six positions de marche de ce frein est représentée par les figures 73 à 78.

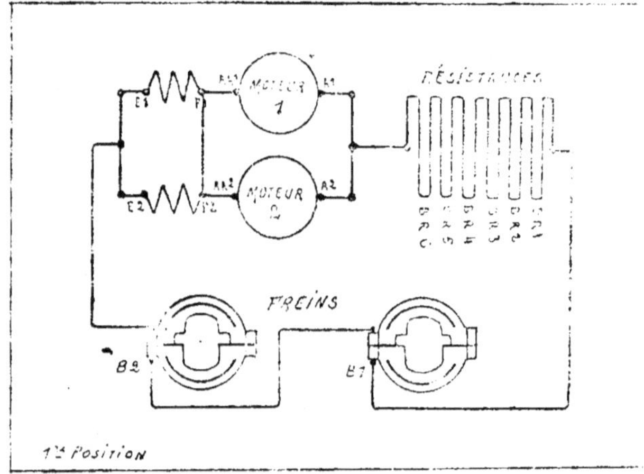

Fig. 73. — Frein sur la position 1 du régulateur.

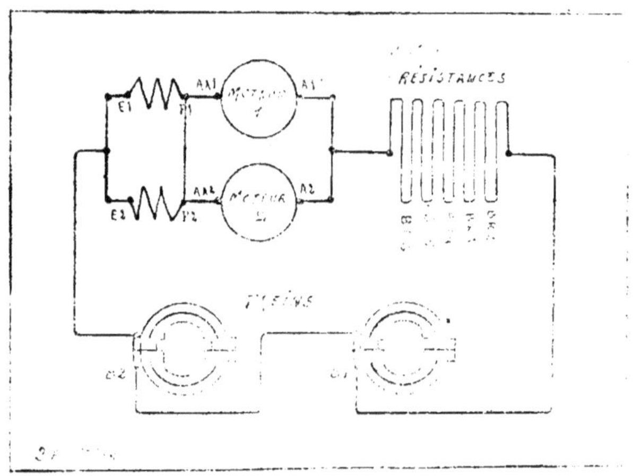

Fig. 74. — Frein sur la position 2 du régulateur.

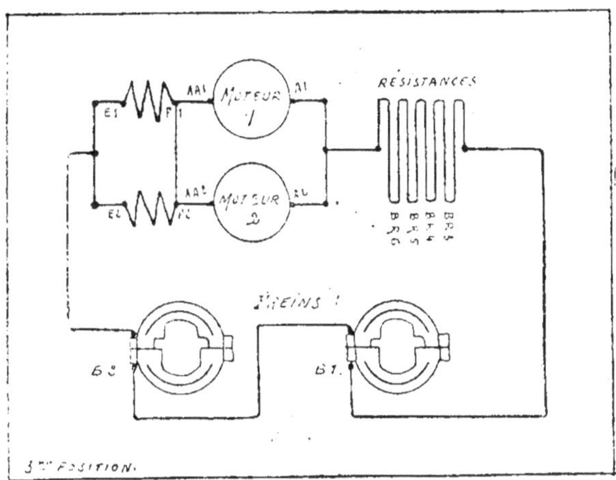

Fig. 75. — Frein sur la position 3 du régulateur.

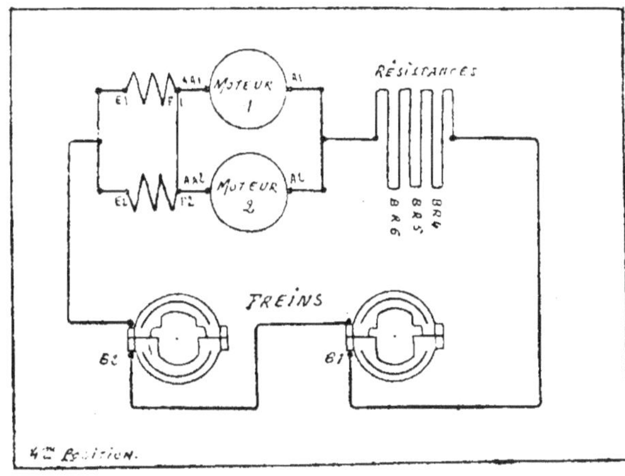

Fig. 76. — Frein sur la position 4 du régulateur.

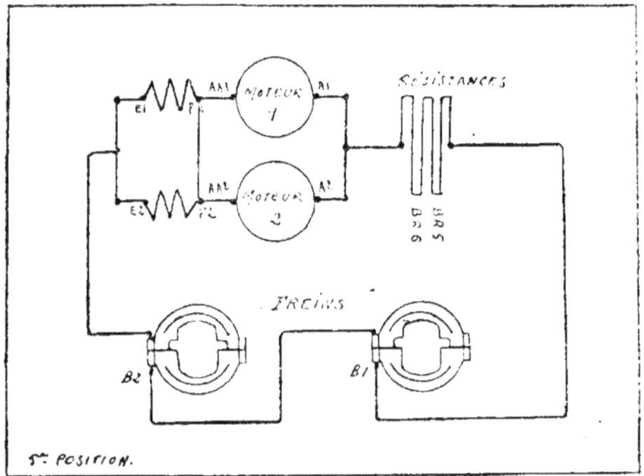

Fig. 77. — Frein sur la position 5 du régulateur.

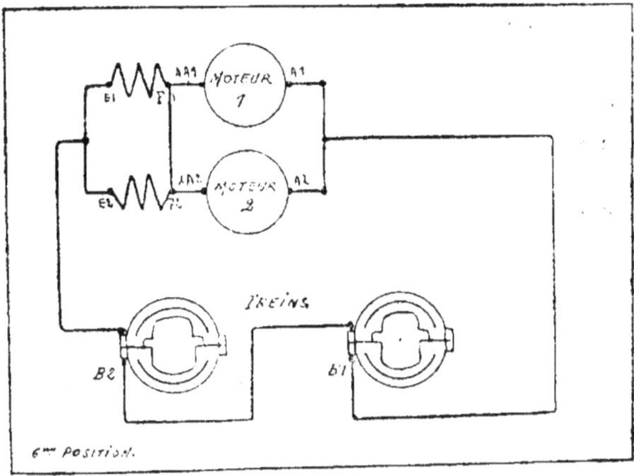

Fig. 78. — Frein sur la position 6 du régulateur.

En résumé l'action du frein pour la même position du régulateur est d'autant plus énergique que la voiture est lancée à plus grande vitesse.

Le fonctionnement doit être obtenu sans secousse et on doit tenir compte, pour l'avancement de la manivelle, de la vitesse de la voiture.

CONDUITE DES VOITURES AUTOMOTRICES

Instructions spéciales pour les wattmen. — Avant de mettre en marche. — Pour mettre en marche. — Pour arrêter. — Quand le wattman descend de voiture. — Quand la voiture ne démarre pas. — Recommandations essentielles. — Quand la voiture rentre au dépôt. — Disposition des circuits. — Conseils pratiques pour les conducteurs. — Pendant la marche. — Signaux. — Trains. — En cas de déraillement. — A la tombée de la nuit. — Observations générales.

Instructions spéciales pour les wattmen. — Les wattmen doivent conserver leur sang-froid en toute circonstance.

Avant de sortir du dépôt, ils devront s'assurer du fonctionnement des divers appareils qu'ils sont appelés à commander.

Toutes les manœuvres exécutées dans le dépôt doivent être faites très lentement.

Avant de mettre en marche. — Placer la manivelle du régulateur à zéro. Mettre la manette de l'inverseur dans la direction de marche avant, enclancher les interrupteurs principaux.

Pour mettre en marche. — Attendre le signal du conducteur, desserrer le frein, faire fonctionner le timbre ou la corne, puis tourner la manivelle cran par cran jusqu'à ce que l'on obtienne la vitesse voulue.

Pour cette manœuvre la manivelle doit être tenue d'une main ferme. Il est absolument défendu de la pousser par petits coups de poing successifs.

Les positions de démarrage sont indiquées sur le couvercle du régulateur, les wattmen ne doivent jamais y marquer de longs arrêts. Ils devront se servir uniquement des positions de marche stable qui sont également repérées sur le régulateur.

La vitesse de progression de la manivelle doit être d'environ une seconde par touche en palier, de deux secondes par touche sur les rampes moyennes et de trois secondes par touche sur les fortes rampes. En général, plus le train est lourd, plus l'avancement de la manivelle doit être lent.

Pour arrêter. — Ramener la manivelle à zéro et serrer le frein.

Le frein ne doit jamais se bloquer d'un seul coup. Il est préférable, pour éviter le patinage, de sabler légèrement et de serrer par à-coups. Pour arrêter brusquement en cas de danger, ramener la manivelle à zéro et faire fonctionner les freins électriques. A défaut de ces derniers inverser la marche et faire avancer la manivelle comme pour un démarrage, en faisant jouer les sablières.

Quand le wattman descend de voiture. — Ramener la manivelle à zéro et serrer le frein, couper l'interrupteur principal, enlever et prendre avec lui la manette afin d'éviter que les voyageurs puissent mettre la voiture en marche.

Quand la voiture ne démarre pas. — Il faut voir si :

1° La manette est tournée à fond ;

2° Les interrupteurs sont en place ;

3° Le courant est sur la ligne (mettre l'interrupteur des lampes) ;

4° La voiture n'est pas isolée ;

5° Le plomb n'est pas fondu.

Si la voiture est isolée, avoir soin, avant de jeter de l'eau sur les rails, de couper le courant.

Si le plomb est fondu, couper le courant, retirer le vieux plomb fusible, remettre en place un plomb de rechange, rétablir le courant et remettre en marche.

Si le plomb fond une seconde fois, se rendre compte si l'avarie provient des moteurs en faisant les manœuvres suivantes :

1° Couper le courant ;

2° Remplacer le plomb fusible ;

3° Isoler un des moteurs ;

4° Rétablir le courant ;

5° Remettre en marche.

Si le plomb fusible fond encore, faire inversement la manœuvre pour l'autre moteur.

Si la voiture démarre, la rentrer immédiatement au dépôt.

Si elle ne démarre pas, baisser la perche de trolley et la faire remorquer au dépôt.

Recommandations essentielles. — Il ne faut jamais et sous aucun prétexte :

1° Marcher avec le courant lorsque le frein est serré ;

2° Serrer le frein avant d'avoir ramené la manivelle à zéro ;

3° Abandonner la manivelle dans une position de marche ;

4° Renverser la marche sans nécessité absolue ;

5° Marcher avec le trolley en avant ;

6° Descendre les pentes avec le courant ;

7° Passer avec le courant sur les isolateurs de sectionnement;

8° Engager des conversations avec les voyageurs;

9° Traverser les flaques d'eau à une allure vive;

10° Manœuvrer les voitures sans qu'il y ait un homme à la perche du trolley.

11° Mettre la voiture en marche même dans le dépôt, sans avoir donné un coup de timbre.

Il faut de même faire résonner le timbre au croisement d'une voiture et ralentir de vitesse au passage des courbes et des aiguillages.

Quand la voiture rentre au dépôt. — Ramener la manivelle à zéro, enlever la manette et la mettre dans un caisson disposé à l'intérieur de la voiture. Serrer les freins, couper les interrupteurs principaux et celui des lampes.

Disposition des circuits. — Les wattmen se rendront bien compte du passage du courant dans le circuit principal en suivant les flèches du schéma (fig. 79).

1° Fil de trolley;

2° Interrupteur principal ;

2°′ Interrupteur principal;

3° Boîte coupe-circuit fusible ;

4° Parafoudre ;

5° Bobine de self-induction ;

6° Régulateur;

7° Résistances;

8° Moteur 1 ;

9° Moteur 2 ;

10° Terre-rails;

Il en sera de même pour le circuit de l'éclairage (fig. 80).

1° Interrupteur ;

2° Plomb fusible;

3° Lampe plate-forme ;

4° Lampe feu de route ;

5° Lampe intérieur ;

6° Lampe feu de route ;

7° Lampe plate-forme ;

8° Lampe disque;

9° Lampe disque;

10° Terre-rails ;

11° et 12° Prise de courant pour la voiture de remorque.

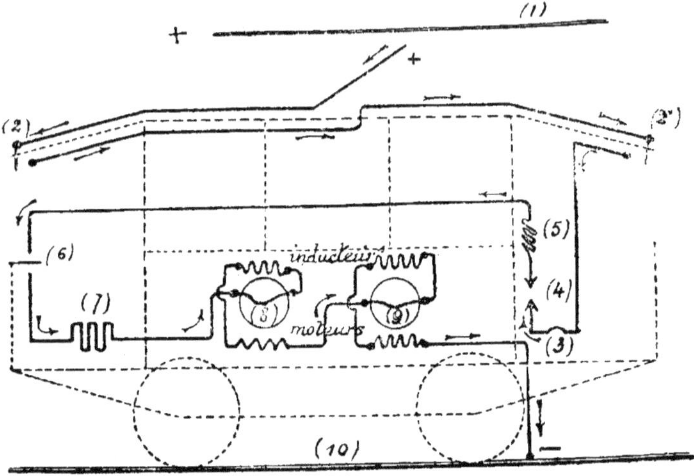

Fig. 79. — Disposition du circuit principal.

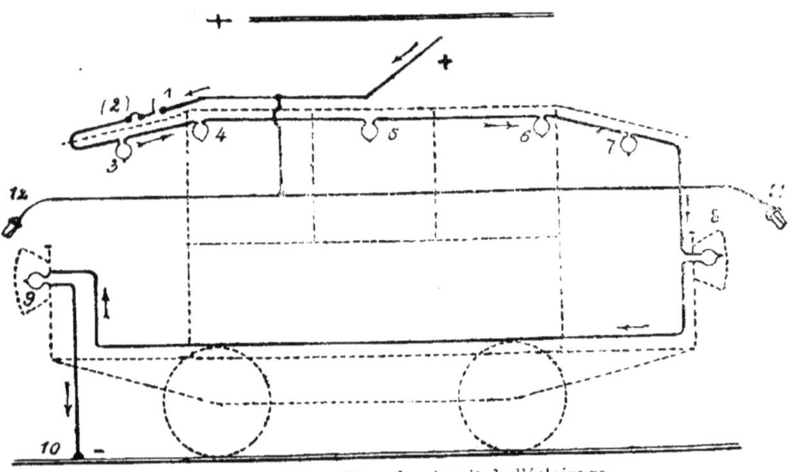

Fig. 80. — Disposition du circuit de l'éclairage.

Conseils pratiques pour les conducteurs. — Avant de sortir du dépôt, le conducteur doit inspecter les lampes et vérifier que l'éclairage fonctionne (le conducteur de la voiture de remorque doit en faire autant), vérifier si tous les accessoires sont sur la voiture. Ceci fait, tourner les banderoles dans la direction de marche, appliquer le trolley sur le fil, enclancher l'interrupteur principal et donner le signal de départ.

Pendant la marche :

1° Sous aucun prétexte ne laisser monter ou descendre les voyageurs à contre-voie ;

2° S'opposer à ce qu'aucun d'eux stationne sur les marche-pieds ou dans une position présentant quelque danger ;

3° Éviter les surcharges ;

4° S'assurer que le trolley est bien dans la bonne direction ;

5° Que les feux la nuit sont bien tournés ;

6° Que le frein arrière est desserré.

Mêmes prescriptions pour la voiture de remorque.

Au cas où la voiture serait isolée, le conducteur doit prendre le câble d'enrayage, et établir un contact entre les rails et une partie métallique du truck.

Pour cette opération, avoir soin de saisir le câble par la partie isolée afin de ne pas recevoir de commotions.

Il est recommandé également aux voyageurs à terre de ne toucher aucune partie métallique de la voiture.

Au terminus changer les portières ou les chaînes aux entrées de la plate-forme, tourner le trolley et placer les banderoles dans la bonne direction (même opération pour les feux la nuit).

Signaux. — Il y a deux sortes de signaux :

1° Les signaux optiques ;

2° Les signaux acoustiques.

Les signaux optiques réglementaires pendant la marche sont le feu rouge à l'avant et à l'arrière.

Exception est faite pour la dernière voiture qui rentre au dépôt, qui doit présenter un feu blanc des deux côtés.

Les signaux acoustiques à employer pour la transmission des ordres entre le wattman et le conducteur varient avec les dispositions des appareils qui sont sur les voitures.

Si par exemple le wattman se sert d'un timbre, les signaux peuvent être les suivants :

Deux coups de timbre pour partir.

Un coup de timbre pour arrêter.

Série de coups successifs pour faire serrer les freins de la remorque. Appels doubles pour appeler le conducteur, etc.

Des combinaisons analogues peuvent être organisées avec la sonnerie d'appel entre le conducteur et le wattman.

Trains. — Le conducteur doit faire respecter les arrêts et donner le signal du départ. Le wattman devra se conformer à tous les ordres du conducteur en ce qui concerne la marche de la voiture.

Pour les trains, le conducteur de la voiture motrice est considéré comme chef de train.

Le wattman, avant de mettre en marche, devra toujours attendre le signal de ce conducteur.

En cas de déraillement. — Donner aussitôt le signal d'arrêt. Si les quatre roues ont quitté le rail, se servir du câble d'enrayage comme il a été prescrit et indiquer verbalement au wattman dans quelle direction il doit faire avant. Si l'une des roues demeure encore dans le rail, il suffit bien souvent de mettre en avant doucement pour que l'enrayage soit complet. Quand on fait marche arrière, on doit toujours tourner le trolley.

A la tombée de la nuit. — Mettre les lampes en circuit. S'il y a une voiture d'attelage, le conducteur de la voiture motrice reliera entre eux les circuits d'éclairage.

Il faut avoir soin d'introduire la connexion d'accouplement d'abord dans le manchon de la voiture de remorque.

Pour déconnecter ce sera l'inverse, on devra d'abord retirer le manchon à la motrice.

Observations générales. — Les wattmen et les conducteurs devront se rappeler qu'ils prennent l'intérêt de la Compagnie en rendant le séjour des voyageurs sur les voitures aussi agréable que possible.

Les wattmen doivent donc s'efforcer d'éviter aux voyageurs des secousses ou des cahotements occasionnés par une manière de conduire défectueuse.

Les conducteurs devront veiller au confort des voyageurs, à la propreté des voitures, à leur ventilation, éviter des discussions et faire toujours preuve de la plus grande politesse dans leurs rapports avec le public.

CHAPITRE III

ENTRETIEN DU MATÉRIEL

ENTRETIEN DU MATÉRIEL DES VOITURES AUTOMOTRICES

Entretien général. — Entretien des moteurs. — Coussinets des moteurs. — Suspension des moteurs. — Inégalité des champs magnétiques des moteurs. — Collecteurs. — Régulateurs. — Réfection générale. — Usure des principaux organes de la voiture. — Tableau des principales avaries électriques. — Leurs causes. — Leurs remèdes.

Entretien général. — L'entretien du matériel en général demande des soins tout particuliers.

Le point le plus important pour un bon entretien est de prévoir les avaries quelles qu'elles soient et de les exécuter avant qu'il n'y ait des complications.

On ne devra jamais faire sortir une voiture avant d'avoir refait les serrages qui paraîtraient défectueux. Les inconvénients qui en résulteraient pourraient entraîner des réparations sérieuses.

Le graissage doit être fait tous les matins, sans jamais négliger ce travail. Un mauvais graissage, quel que soit l'organe, coussinets de moteurs, coussinets porteurs, coussinets d'essieux, roulette de trolley, engrenages, etc., entraîne des grippages, et par suite des changements, arbres, axes et pièces en contact, au total de grosses dépenses, et à l'immobilisation de voiture.

On ne doit jamais mettre en service une voiture qui paraît donner des cahotements. Ces derniers sont dus à l'une des causes suivantes :

1° Faux rond dans les roues après un certain nombre de kilomètres, sous l'action du freinage ;

2° Essieu faussé ;

3° Fusée d'essieu tordue ;

4° Enfin rupture d'un ressort de suspension.

Il est très important, après avoir visité la voiture et en avoir constaté l'avarie, d'en faire la réparation au plus tôt.

Nous recommandons d'une façon formelle de ne jamais emprunter une pièce à une voiture pour effectuer la réparation provisoire d'une autre. Cette façon d'opérer est très mauvaise car on oublie quelquefois, quand la pièce est insignifiante, de la remettre en place et la voiture sort sans être complètement en état.

Si au contraire la pièce est importante, on n'a pas toujours le temps de s'occuper immédiatement de la remettre en état.

Il arrive qu'on ait encore besoin d'une autre pièce que l'on prend naturellement à cette voiture et on continue ainsi à la démonter.

Les chefs d'entretien, dans leur intérêt, doivent veiller à ce que ces pratiques ne se produisent jamais.

On doit toujours avoir des pièces de rechange à l'atelier pour remplacer les mauvaises quand le cas se présente.

Les collisions et les dégradations aux peintures extérieures doivent de même être exécutées avant la sortie de la voiture.

Il arrive qu'en négligeant ce principe la voiture continue son service, une autre collision peut se produire et l'on continuera à marcher. Avec cette façon de procéder, au bout de six mois la peinture de la voiture sera dans un état déplorable et il ne restera plus qu'à refaire cette peinture complètement. Cet inconvénient peut être évité en faisant un entretien courant qui ne demande bien souvent que la bonne volonté du personnel attaché à ces travaux.

Le nettoyage des voitures doit être également fait régulièrement. Pour le lavage on ne doit jamais se servir d'un jet d'eau : cette façon de procéder est préjudiciable à l'installation électrique, des courts-circuits pouvant être occasionnés par l'eau dans les gaines ou sur les appareils.

On doit faire le lavage à l'éponge et éviter de mouiller en bloc avec un seau les parties munies d'appareils électriques.

Il est à remarquer que le bon entretien du matériel est la première condition pour éviter de graves ennuis au personnel.

Entretien des moteurs. — Les moteurs de tramways sont les organes essentiels des voitures. Leur visite doit être faite tous les matins. L'ouvrier chargé de ce travail devra s'assurer par la porte de visite que les charbons portent bien, qu'il n'y a pas trace de coup de feu, et que les boulons des différents organes ne sont desserrés ou cassés.

Ce travail doit être fait avec soin ; aussi doit-on charger de cette visite un ouvrier intelligent.

L'entretien des moteurs varie suivant leur type : mais en général les avaries ont les mêmes causes.

Ainsi si les fils qui réunissent le collecteur au bobinage cassent, c'est dû à une des causes suivantes :

1° Un défaut de montage : les fils sont trop matés dans les rainures du collecteur. Il arrive même qu'en enfonçant ces fils le matoir porte à faux et la carre de celui-ci attaque la section du fil ;

2° Le clavetage du collecteur mal fait : l'induit tournant, le collecteur prend du jeu sur l'arbre et par ce mouvement cisaille les fils de mise au collecteur ;

3° Le pressoir mal serré : les lames prennent du jeu et coupent les fils ;

4° L'emmanchement du pignon défectueux : il est essentiel de faire porter l'arbre de l'induit sur des V en bois pour faire le serrage de l'écrou du pignon. Bien souvent on frappe avec un marteau sur la clé, et, si l'induit porte sur sa masse, on ébranle chaque coup le clavetage et par conséquent on cisaille ces fils au point où ils sont soudés. Ce travail s'opérant généralement dans la voiture il est nécessaire de faire une petite installation portative spéciale.

L'avarie du fil coupé se reconnaît facilement. Les lames de mica se creusent et pendant la marche un arc cercle le collecteur.

En ce cas il ne faut jamais laisser l'induit en circuit, car les lames de mica finiraient par être dans un tel état que l'on serait obligé de démonter le collecteur pour changer ces lames.

Ce travail, qui est très compliqué, peut être évité.

Il faut avoir soin d'ouvrir les moteurs une fois par mois, afin de nettoyer le fond des carcasses où se trouve de l'huile, projetée par un excès de graissage, et des poussières de cuivre provenant du nettoyage du collecteur.

Après ce nettoyage on aura soin de passer une couche de peinture isolante sur tous les endroits découverts.

Ce travail doit être fait pour la bonne conservation des inducteurs, car ceux-ci n'étant isolés que par quelques couches de ganse, l'huile ne tarderait pas à pénétrer et à mettre les fils de ces bobines en court-circuit.

On profitera également de ce que les moteurs sont ouverts pour vérifier le jeu des coussinets et les changer s'il y a lieu.

Coussinets des moteurs. — Les parties délicates des moteurs sont les coussinets sur lesquels toute l'attention des visiteurs doit être portée. Ces coussinets sont en métal anti-friction et pour cette raison la moindre négligence apportée dans le graissage a des conséquences très graves.

Si on laisse trop user les coussinets d'induit, l'induit touche sur les masses polaires, les sections sont arrachées et brûlées.

Si les joues de ces coussinets ne sont pas confectionnées pour offrir suffisamment une grande surface à l'usure latérale, en peu de temps l'induit se promène de droite à gauche, et les charbons portent très mal, ce qui produit d'incessants petits coups de feu.

Ces charbons sont presque mis hors d'usage, les collecteurs sont détériorés et les fils des sections allant au collecteur sont même quelquefois dessoudés.

Il arrive ensuite que le jeu latéral augmentant, l'induit vient toucher par sa partie arrière la carcasse du moteur.

Comme dans les cas précédents les sections sont détériorées et les induits fortement avariés.

Le remplacement des coussinets d'induit et leur mise en place sont les opérations qui demandent le plus d'attention de la part du contremaître.

Pour les coussinets porteurs sur essieux, il faut avoir soin aussi de ne pas laisser de jeu latéral au moteur.

Si le moteur en entier, qui porte la boîte d'engrenage, arrive à prendre le moindre jeu latéral, la boîte d'engrenage qui, elle, est attenante au moteur, suit son mouvement et vient se faire ronger intérieurement par l'engrenage qui est claveté sur l'essieu.

Cette boîte est vite percée, l'huile et la graisse qu'elle contient s'écoulent, l'engrenage et le pignon ne sont plus lubrifiés et dès lors une usure exagérée des engrenages et pignons se produit, en même temps qu'un bruit anormal se fait entendre.

Ce bruit est produit par le martellement des dents de la réduction.

Suspension des moteurs. — Il ne faut jamais laisser de jeu dans la suspension des moteurs.

Fig. 81. — Ressorts à boudin pour suspension du moteur.

Ces suspensions, généralement munies de ressorts à boudin (fig. 81), sont très faciles à changer.

Les ressorts, sous le poids du moteur majoré des efforts produits dans les démarrages, finissent par se comprimer et perdent leur hauteur normale.

A ce moment il se produit du jeu entre la barre de suspension et ces ressorts, de sorte qu'à tous les démarrages des chocs et des bruits de ferraille se font entendre.

On a avantage à remédier à cet inconvénient si l'on veut obtenir de la voiture un roulement doux et silencieux.

Inégalité des champs magnétiques des moteurs. — Il arrive quelquefois qu'un des moteurs chauffe plus que l'autre et que l'on ne trouve aucun défaut; ce moteur donne également des coups de feu.

L'échauffement et le coup de feu sont dus alors à l'inégalité des champs magnétiques qui procure aux moteurs une consommation inégale de courant.

Après avoir constaté le fait en branchant un ampèremètre sur chaque moteur, on y remédie en faisant varier le champ magnétique du moteur le moins chaud.

Pour cette opération on intercale une cale variant entre cinq dixièmes à un millimètre entre les deux parties de la carcasse, de façon à diminuer le champ magnétique de ce moteur.

Si l'on dispose de plusieurs induits de réserve on peut changer cet induit en essayant d'en accoupler un avec le moteur restant.

Collecteur. — Cette partie de l'induit demande des soins tout particuliers et son entretien doit être soigné.

Pour la bonne marche du moteur, le collecteur doit être nettoyé au papier verré tous les jours. Il est nécessaire, une fois ce travail terminé, de donner un bon coup de soufflet sur les poussières qui pourraient rester sur les collecteurs et les balais.

Ces poussières en s'accumulant détermineraient un court-circuit entre les lames, et si le coup de feu est fort l'arc peut mettre à la masse et déterminer des avaries sérieuses.

Il arrive aussi que ces poussières s'infiltrant entre la rondelle isolante du bout du collecteur et la masse viennent déterminer comme dans le cas précédent des courts-circuits sur la partie avant.

A ce moment le collecteur est complètement à la masse et l'induit en tournant donne un fort coup de feu qui fait tomber le courant de la ligne ou fond le plomb fusible de la voiture.

Nous conseillons pour n'importe quelle avarie de collecteur, si minime soit-elle, de vérifier ce dernier soigneusement avant de mettre le moteur en marche et de s'assurer si quelques petites gouttelettes de cuivre provenant des petits court-circuits ne mettent pas en communication plusieurs lames du collecteur.

Après un certain temps de fonctionnement le collecteur s'ovalise et il se forme à ce moment des méplats sur les lames. Dans cet état, les balais donnent de fortes étincelles et il est nécessaire de passer l'induit sur le tour pour remettre au point le collecteur.

Une fois tourné il faut faire la vérification des lames pour se rendre compte qu'il n'y a pas eu entraînement du métal et par conséquent qu'il n'existe aucune communication entre les lames.

Régulateur. — Le nettoyage de cet appareil, qui est fait chaque matin avant la sortie de la voiture, doit être exécuté très correctement.

L'ouvrier chargé de ce travail doit regarder si tous les doigts de contact portent bien, s'il n'y a pas de grippage entre eux et les secteurs, si un coup de feu n'a pas détérioré une partie quelconque du régulateur. Il enlève avec un soufflet ou un pinceau les poussières qui pourraient être nuisibles à la bonne marche de l'appareil.

Il est bon de passer une légère couche de vaseline sur les parties continuellement en contact et sur les différents crans de position.

Une des principales causes d'avarie de régulateur provient de l'infiltration des eaux par la tige du cylindre.

Un petit épaulement fait saillie sur le couvercle autour de la tige. Il est recouvert d'une bague vissée sur cette tige et porte intérieurement une petite garniture; mais cette disposition ne donne qu'une étanchéité insuffisante et l'eau se fraye passage.

L'eau met en court-circuit la tige avec les garnitures en bronze qui porte les secteurs et détermine un coup de feu qui met franchement l'appareil à la terre.

La réparation se fait en démontant le cylindre et en isolant de nouveau ces deux parties.

Nous recommandons pour faire cet isolement de se servir de cire à cacheter dans laquelle on mélange de la sciure de fibre et une petite quantité de suif.

On délaye le tout ensemble et on le verse chaud et aussi épais que possible. On obtient avec cette composition un bon isolement et une bonne résistance aux chocs continuels que le cylindre supporte en revenant à zéro.

Réfection générale. — Tous les ans on devra procéder à une réfection générale.

Les moteurs devront être complètement démontés afin de pouvoir vérifier sérieusement toutes les pièces.

Les cerclages, les garnitures, collecteurs et fusées d'induit devront être vérifiés et les travaux qui s'imposeront devront être exécutés avec soin.

On devra retirer la première couche de ganse des inducteurs et en mettre une neuve.

Les porte-balais seront grattés et passés à la paraffine.

Les carcasses grattées et peintes à la peinture isolante.

Les portes de visite des moteurs devront être intérieurement tapissées à l'amiante et l'endroit où porte la fermeture garni d'une bande de feutre afin d'assurer une étanchéité complète.

Les régulateurs devront être démontés et peints intérieurement, les contacts et les portages refaits à neuf, les connexions toutes vérifiées et les manivelles, qui auraient trop de jeu, changées. Le tapissage à l'amiante des portes qui auraient eu à souffrir des coups de feu devra être raccordé et peint.

Les résistances, les boîtes, coupe-circuits et les parafoudres qui se trouvent sous la voiture et en ce cas exposés à la boue devront être nettoyés et mis en état de fonctionnement le plus parfait.

Les manches contenant les câbles devront être aussi nettoyées et peintes avec une peinture isolante un peu lourde pour former une espèce d'enduit.

Les différents circuits de la voiture devront être de même vérifiés et les réparations nécessaires exécutées avec soin.

Il en sera de même pour la partie mécanique. Les boulons et suspensions qui paraîtraient défectueux devront être repris à fond.

On aura soin en remontant les boîtes d'engrenage de s'assurer que le jeu intérieur est bien partagé de chaque côté. Pour corriger ce jeu dans le cas contraire il n'y a qu'à faire varier l'épaisseur de la joue du coussinet porteur.

Le freinage devra être l'objet d'une visite toute particulière. Les différents leviers seront visités de près, les axes qui ont du jeu changés; la suspension des sabots, les chaînes ou les vis servant au serrage et les différents organes du frein devront être passés en revue. Nous préconisons le baguage de toutes les pièces du freinage; à la longue il y a économie et l'entretien est plus facile à assurer.

La base de trolley, les sablières (pour ces dernières s'assurer que l'orifice des tuyaux débouche bien sur la table de roulement du rail), les appareils de protection, les signaux avertisseurs, les sonneries d'appel, les marche-pieds, tabliers et montants, etc., devront être également vérifiés.

Pendant que l'on fera la vérification du truck, sondage des rivets, boulons et pièces attenantes à ce dernier, inspection des bandages de roues, clavetage des engrenages, colliers de butée, boites d'essieux, coussinets, etc., un ouvrier visitera la menuiserie, les portières, les cailleboutis du plancher, les banquettes, les châssis divers, les panneaux de visite, les boîtes de sablières, les mains-courantes et la toiture.

Ces travaux terminés et vérifiés par le contremaître ou le chef d'entretien, on procèdera au remontage complet de la voiture. Puis elle passera à la peinture pour y subir les raccords dont elle aura besoin et pour y recevoir un revernissage complet.

Dans les réseaux d'une certaine importance on devra spécialiser une équipe qui ne s'occupera que de ce travail.

Cette réfection, étant bien menée, peut être faite en trois jours par cinq hommes. Il est bien entendu que pour la rapidité de ce travail on doit disposer d'un rechange complet pour une voiture.

A titre de renseignement nous donnons (tableau n° 1) la durée en kilomètres des principaux organes de la voiture.

Tableau n° 1.

Désignation.	Kilomètres parcourus.
Bandages de roues	200.000
Engrenages.	120.000
Pignons	28 à 32.000
Roulettes de trolley.	10.000
Coussinets d'induits.	18 à 26.000
Coussinets porteurs.	Dépend des courbes et des accidents de la voie.
Coussinets d'essieux.	120.000

TABLEAU DES PRINCIPALES AVARIES ÉLECTRIQUES

LEURS CAUSES, LEURS REMÈDES

AVARIES	CAUSES	REMÈDES
La voiture fond son plomb fusible ou fait tomber le courant de la ligne.	1° Les collecteurs sont noirs ou en mauvais état.	Nettoyage. — Voir si le collecteur a besoin du tour.
	2° Un des moteurs est à la masse.	Faire une mesure au voltmètre sur l'induit afin de rechercher l'avarie.
	3° Un coup de feu dans un régulateur.	Faire rentrer la voiture au dépôt pour que l'on procède à la réparation ou au changement.
	4° Une résistance à la masse.	Remplacer cette résistance et la démonter pour exécuter la réparation.
	5° Les porte-balai en court-circuit ou à la masse.	Changer le porte-balai mauvais, le réparer ou le rebuter suivant son état.
	6° Un des induits frotte sur les masses polaires.	Manque d'entretien. — Changement des coussinets d'induits.
	7° Un court-circuit dans le câblage.	Si le court-circuit n'est pas apparent, faire une mesure sur le câblage en commençant par l'arrivée du courant et ainsi de suite jusqu'à la rencontre de l'avarie.
La voiture ne démarre pas.	1° Le plomb fusible est fondu.	Remplacer le fusible.
	2° La voiture est isolée.	Le retour ne se fait plus; établir un bon contact entre les roues et le rail, soit au moyen d'un câble, soit en lançant de l'eau sur la voie. (En opérant de cette dernière façon, avoir soin de baisser le trolley.)
	3° Une connexion désemparée ou rupture d'un câble.	Faire une mesure sur le câblage en partant du commencement du circuit et continuer ainsi de suite jusqu'à la rencontre de l'avarie.
	4° Le souffleur de la boîte fusible brûlé.	Connecter provisoirement les deux arrivées du câble afin de rétablir le passage du courant, et changer ensuite cet appareil pour en exécuter la réparation.

AVARIES	CAUSES	REMÈDES
Coup de feu dans un régulateur.	1° Mauvaise conduite de la voiture	Compléter l'instruction du wattman.
	2° Coup de feu à un moteur.	Vérifier les induits et les inducteurs.
	3° Le régulateur est sale.	Mauvais entretien, vérification des contacts.
	4° Le cylindre est à la masse.	Démonter ce cylindre, le nettoyer et l'isoler à nouveau.
	5° Court-circuit à un organe quelconque du câblage.	Vérification complète des circuits de la voiture,
La voiture démarre brusquement et à une vitesse exagérée.	1° Les spires des inducteurs en court-circuit.	Le guipage en coton du fil est brûlé et le bobinage ne forme plus qu'une masse. Changer ces inducteurs.
	2° Les spires des résistances sont en communication.	Isoler à nouveau ces spires ou changer les résistances.
Coup de feu dans un moteur.	1° Le collecteur est noir ou en mauvais état.	Nettoyage. — Voir si le collecteur a besoin du tour.
	2° L'un des moteurs est à la masse.	Faire une mesure au voltmètre sur le moteur afin de rechercher l'avarie.
	3° Les porte-balai sont en court-circuit ou à la masse.	Changer le porte-balai mauvais, le réparer ou le rebuter suivant son état.
	4° Un porte-balai est resté levé.	Changer le balai qui en ce cas est arrondi à sa surface de portage.
	5° Un charbon est trop court et ne porte plus.	Mauvais entretien. — Changer ce balai.
	6° L'huile ayant séjourné au fond de la carcasse met un inducteur en court-circuit	Défaut de nettoyage. — Changer cette bobine d'inducteur.
	7° Une section coupée à la mise au collecteur.	Défaut de construction. — Dégarnir la façade et procéder à une nouvelle soudure du fil.
	8° Le collecteur étant usé et par conséquent le diamètre de celui-ci étant beaucoup diminué le calage des balais n'est plus normal.	Reprendre le calage ou changer le collecteur s'il y a lieu.

AVARIES	CAUSES	REMÈDES
Induit brûlé.	1° L'induit a frotté sur les masses polaires.	Mauvais entretien. — Changer les coussinets d'induits.
	2° L'induit a frotté sur la carcasse par sa partie avant ou arrière.	Mauvais entretien. — Changer les coussinets d'induits, il y a trop de jeu latéral.
	3° Un cerclage dessoudé part et vient arracher les fils.	Mauvais entretien. — Il faut, dès que l'on voit un cerclage se dessouder, envoyer l'induit au bobinage.
	4° Une section a chauffé.	Surcharge exagérée; l'induit part à son point faible.
	5° Fort coup de feu sur le collecteur qui brûle la partie avant de l'induit.	Mauvais entretien du collecteur ou négligence apportée dans ses réparations.

CHAPITRE IV

ATELIERS ET DÉPOTS

Ateliers. — Ateliers d'ajustage et de machines-outils. — Atelier de forge. — Atelier de menuiserie. — Atelier de bobinage. — Atelier de peinture. — Personnel des remises. — Visite des voitures. — Tenue des livres d'entretien. — Pièces de rechange. — Magasin d'approvisionnement. — Dépôts.

Ateliers. — L'importance des ateliers et du personnel est proportionnée au matériel, au nombre des voyageurs transportés, aux kilomètres parcourus et à la fréquence des collisions.

Les ateliers devront être installés le plus près possible des remises, de telle sorte que les voies des remises communiquent avec la partie de l'atelier où se fera l'entretien.

Les ateliers se divisent ordinairement comme suit :

1° Atelier d'ajustage et de machines-outils ;

2° Atelier de forge ;

3° Atelier de menuiserie ;

4° Atelier de bobinage et des appareils électriques ;

5° Atelier de peinture et de vernissage.

Ces ateliers fonctionnent sous la conduite d'un chef des ateliers et du matériel qui a sous ses ordres un ou plusieurs chefs d'entretien.

Nous passerons successivement en revue ces différents ateliers, et nous prendrons comme exemple un réseau ayant une importance correspondant à 100 voitures, 50 motrices et 50 remorques.

Atelier d'ajustage et de machines-outils. — Le personnel de

cet atelier se compose de trois tourneurs, quatre ajusteurs, un per-
ceur, un outilleur, un chaudronnier, deux manœuvres et un aide.

Les machines-outils devront être commandées, soit par un électro-
moteur individuel, soit par l'intermédiaire de transmissions actionnées
par un moteur général.

Un des tours sera spécialement disposé pour tourner les coussinets
en général.

Pour les coussinets des moteurs, on devra se servir d'empreints en
fonte à quatre vis (fig. 82) fixés sur de petits plateaux. Le tourneur

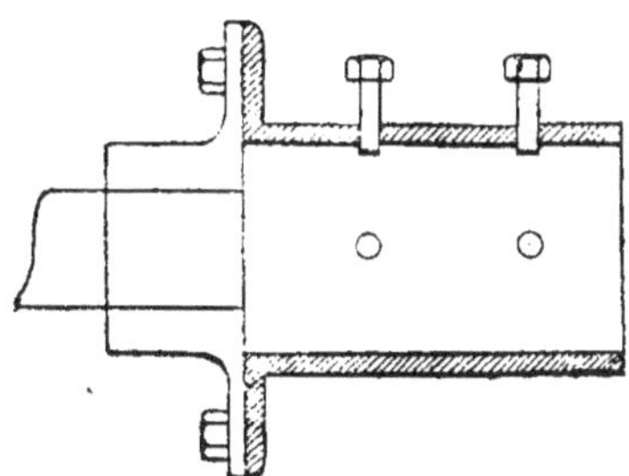

Fig. 82. — Mandrin spécial pour
tourner les coussinets.

pourra alors prendre en série les coussinets nouvellement rechargés
d'antifriction, et comme il n'a pas à les centrer, il pourra dans une juor-
née terminer les coussinets d'une voiture.

L'ouvrier chargé de ce travail devra, avant de tourner ces coussinets,
les excentrer de cinq dixièmes de plus à la partie basse.

Cette opération se règle au moyen des quatre vis de l'empreint.

Par ce procédé que nous recommandons, on peut laisser les coussinets beaucoup plus longtemps en place, sans craindre que les induits
viennent frotter sur les masses polaires inférieures.

Ne pas donner plus de cinq dixièmes, parce qu'au début les induits
frotteraient par le haut. Cette mise au point est très difficile à obtenir
de la part des ouvriers, aussi faut-il y tenir la main.

Un mandrin universel sera également attaché à ce tour pour le tournage des coussinets porteurs, etc.

Le second tour (fig. 83), avec banc plus long, sera tout désigné pour
tourner les essieux, filetages divers, collecteurs, etc.

Un troisième tour à deux plateaux sera aussi disposé pour tourner
une paire de roues montées sur leur essieu sans torsion, pour aléser
deux bandages à la fois ou de tourner une roue ou un bandage sur

un plateau pendant que l'on tourne et alèse un moyeu sur l'autre plateau.

Ce tour comprend deux poupées dont les arbres et plateaux sont
dentés et actionnés par des pignons à dégagement indépendant.

Fig. 83. — Tour parallèle.

Deux supports à chariot avec mouvement automatique sont actionnés par chaine et cliquet.

Une pointe est fixée dans la poupée de gauche, laquelle avance par
pignon engrenant sur la crémaillère du banc.

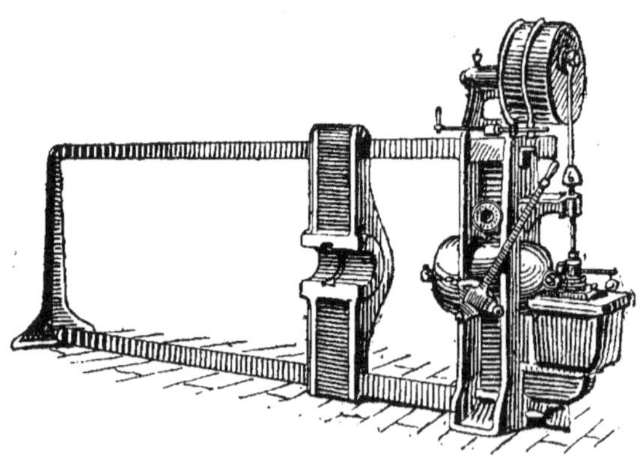

Fig. 84. — Presse hydraulique pour le calage
des roues.

Les supports à chariot sont pourvus du même dispositif.

Ces tours sont indispensables et d'un précieux concours dans les
ateliers de réparations.

On devra installer la presse à caler (fig. 84) à proximité du tour à roues. On évitera ainsi des manœuvres inutiles.

En raison des changements de clavettes et des travaux courants d'entretien, il est nécessaire de posséder un étau-limeur. Des séries d'outils peuvent être ainsi confectionnées et mises à certains profils courants tels que gorge d'oreille de ligne aérienne, etc.

Si l'on confectionne les appareils de voie, il est nécessaire d'installer une raboteuse et une scie à métaux à froid.

On devra disposer de deux machines à percer, une forte pour les gros travaux et une plus faible pour les travaux d'entretien.

Le ventilateur alimentant les forges sera installé dans ce même atelier. Nous recommandons de le loger dans une fosse, afin d'assourdir le bruit de son ronflement, et de boucher cette fosse avec un plancher qui laissera passer la courroie.

La meule-émeri sera disposée à côté de la meule à eau, et l'outillage complémentaire sera proportionné aux travaux à exécuter. Ces outils sont : cisailles, poinçonneuse, fraiseuse, taraudeuse, marbre à tracer, marbre à aplanir, etc.

Sur une des voies on devra installer une grue pour soulever la caisse de la voiture. Faute de cet appareil, on se servira de vérins du genre de ceux représentés figure 85.

Fig. 85. — Appareils pour le levage des toitures.

Avec cette disposition on opère le levage d'une caisse avec quatre hommes. C'est également de ces vérins que l'on se servira pour les changements de roues.

Le redressage des arbres d'induit qui auraient eu à subir des torsions peut se faire au moyen d'un dispositif spécial.

Ce dispositif (fig. 86) se compose d'une simple barre de fer plat, de

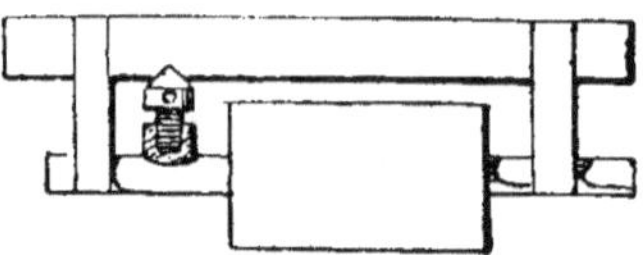

Fig. 86. — Appareil spécial pour
redresser les arbres faussés.

deux brides et d'un petit appareil appelé turc que l'on fait agir à l'endroit voulu. On évite avec cet appareil une main-d'œuvre coûteuse, car l'on serait obligé pour ce travail de sortir l'arbre à la presse hydraulique.

Disons en passant que dans le cas où l'on serait obligé d'exécuter ce travail à la presse, les arbres ne se décalent qu'à 50 tonnes environ.

Comme outillage pour enrayer les voitures, on devra disposer de plusieurs plaques d'enrayage, crics, pinces, vérins à vis montés sur chariot transversal, cales et coins en bois.

Un étau portatif sera à la disposition des équipes des remises. Ces équipes devront être munies également de tous les outils de démontage, tréteaux, palans, etc.

Le magasin d'outillage sera construit dans un coin de l'atelier, et l'ouvrier chargé de l'entretien et de la garde des outils, ne devra les délivrer que sur la présentation d'un jeton.

Tous les ouvriers auront en leur possession, en même temps que leur outillage, 6 ou 8 jetons dont ils se serviront quand ils auront besoin d'un outil ne faisant pas partie de leur outillage personnel.

C'est également à l'outillage que l'on rangera tous les outils non à la charge des ouvriers.

Il serait trop long de faire une description complète d'inventaire, aussi nous contenterons-nous de citer les principaux outils :

Filières et tarauds ;	Clés à douille ;
Jeux d'alésoirs ;	Clés à rocher ;
Tourne-à-gauche ;	Clés anglaises ;
Mèches ordinaires ;	Clés à molette ;
Mèches américaines ;	Clés à raccord ;
Fraises ;	Archets ;
V à percer ;	Drilles ;
Porte-lames ;	Vilebrequins ;
Clés à fourche ;	Scies à métaux ;

Compas divers ;

Équerres diverses ;

Outils de traçage ;

Marteaux divers;

Limes ;

Burins;

Bédanes ;

Pointeaux ;

Chasse-goupilles;

Pinces diverses;

Z à percer;

Cliquets ;

Tas divers;

Niveaux ;

Duplex;

Coupe-tubes ;

Étaux à main;

Palans à corde ;

Palans différentiels ;

Presses diverses;

Tournevis ;

Lampes à souder ;

Fers à souder ;

Cisailles ;

Série d'outils de chaudronnerie ;

Poinçons divers ;

Bouterolles ;

Mains de fer ;

Étaux à chanfreiner ;

Matoirs, etc., etc.

L'éclairage de l'atelier d'ajustage sera fait au moyen de plusieurs lampes à arc et de lampes à incandescence portatives pour les établis et les machines-outils.

Atelier de forge. — Cet atelier doit être bien aéré à cause de la fumée et des gaz qui se dégagent des forges.

Le personnel comprend ordinairement deux forgerons et deux frappeurs. Comme dans l'atelier précédent, l'outillage varie avec l'importance des travaux à exécuter.

C'est dans cet atelier que l'on procédera au remplacement des bandages. Pour ce travail il est nécessaire d'installer une grue ou un chemin de roulement. Si on chauffe au charbon de bois et coke, on construira un four rond à côté duquel on disposera une table de frettage.

Une prise d'eau sera disposée à proximité et munie d'une manche pour l'arrosage des centres de roues.

C'est également dans ce local que l'on procédera au regarnissage de l'antifriction des coussinets.

Avec tous les mandrins nécessaires à cette opération, une petite forge, une marmite et quelques cuillères seront les seuls ustensiles de la fonderie.

Atelier de menuiserie. — Le personnel se composera de trois menuisiers.

On devra autant que possible se servir d'outils mécaniques, on réalisera de ce fait une grande économie de temps.

Comme machines de première nécessité, il y aura lieu d'installer une scie à ruban, une scie circulaire et une toupie.

L'outillage pourra se compléter par une mortaiseuse-perceuse, une machine à raboter, etc.

Le petit outillage sera celui employé ordinairement dans cette industrie.

Atelier de bobinage. — On choisira pour cet atelier un endroit sec et bien éclairé. L'outil principal du bobineur est un banc spécial,

Fig. 87. — Machine à isoler les sections d'induit.

Fig. 88. — Chariot-grue.

actionné par transmission, pour les garnitures et les cerclages. A défaut de ce banc, on se sert de tréteaux en bois.

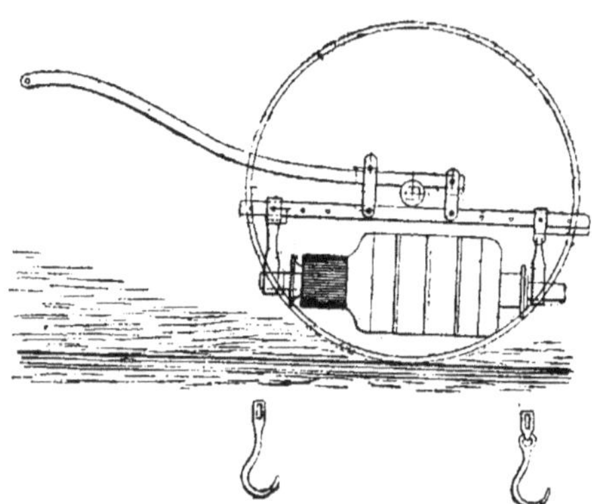

Fig. 89. — Chariot pour le transport des induits.

Un établi sera installé pour la confection des sections. L'enroulement de ces dernières est fait sur un moule spécial, et l'isolement fait de préférence avec la machine de la figure 87.

Le transport des induits dans le bobinage se fera au moyen d'un chariot-grue du même dispositif que celui que nous représentons figure 88.

Les champs magnétiques divers, les résistances et tous les appareils seront réparés et remis à neuf dans cet atelier.

Un chef bobineur conduira ces travaux, il sera secondé par deux aides et deux électriciens. Ces deux derniers s'occuperont de l'entretien des voitures.

On devra faire le moins possible dans les voitures les réparations aux appareils électriques. Le mieux sera de les démonter et de les remplacer par des pièces de rechange, les réparations étant faites plus sérieusement au bobinage.

L'outillage se complétera par des tables épaisses pour la réparation des régulateurs, freins électriques, etc.

Le transport des induits du bobinage aux voitures pourra être effectué sur un chariot selon le dispositif représenté figure 89.

Atelier de peinture. — C'est dans ce local que l'on procédera à la peinture et au vernissage des voitures.

Cet atelier devra être très clair et portera une toiture doublée soit au moyen de lames de bois, soit avec des toiles. Cette précaution est nécessaire, afin d'empêcher les poussières de tomber sur les couches de peinture ou de vernis.

Un calorifère sera installé dans un coin pour entretenir une température douce l'hiver et faciliter le séchage des couches de vernis.

Il faut prévoir un outillage complet de peinture, vernissage et décors.

Quatre ouvriers, dont un pour les filets et les lettres, sont nécessaires pour assurer un bon entretien.

Personnel des remises. — A ces ateliers se rattache le personnel des remises qui se décompose comme suit :

2 visiteurs pour les moteurs ;

2 graisseurs pour les moteurs ;

2 ouvriers pour les freins ;

1 ouvrier pour les trolleys et les sablières ;

2 ouvriers pour l'entretien des remorques ;

3 laveurs de jour ;

6 laveurs de nuit ;

1 ouvrier pour la manœuvre dans le dépôt.

Visite des voitures. — Ces différents ateliers étant installés comme nous venons de l'indiquer il ne nous reste plus qu'à en donner le fonctionnement

Avec le personnel indiqué ci-dessus, c'est-à-dire quarante-cinq hommes, l'on doit arriver à assurer un très bon entretien et tous les matins la visite suivante :

Moteurs, graissage ;

Régulateurs, éclairage et câblage ;

Freins ;

Trolleys et bases ;

Réparation des collisions, stores, sablière, chasse-corps, filets ;

Glaces, raccords de peinture, filets à bagages, banquettes ;

Rideaux et menuiserie des remorques ;

Lampisterie ;

Manœuvre des voitures dans le dépôt ;

Graissage sur la ligne ;

Nettoyage des voitures ;

Propreté du dépôt et des ateliers ;

Entretien de la ligne aérienne.

Le chef d'entretien prendra le commandement de la visite et portera sur un tableau de sortie les numéros des voitures propres à être mises en service.

Le contrôleur de sortie prendra alors ces numéros et organisera son service de voitures.

La visite terminée chaque ouvrier réparera les avaries qui concernent sa partie et regagnera ensuite son poste respectif à l'atelier.

Il est bien entendu que les voitures restées la veille au dépôt en réserve seront les premières à partir.

En ce qui concerne l'entretien de la voie s'il est fait par la compagnie, l'équipe chargée de ce travail sera attachée aux ateliers.

Tenue des livres d'entretien. — Pour se rendre bien compte du fonctionnement, usures, changements, etc., on doit avoir plusieurs livres pour consigner les différents renseignements qui s'y rapportent.

Nous donnons plusieurs modèles déjà employés dans certains réseaux avec utilité.

Afin d'avoir des renseignements exacts, ces livres doivent être rigoureusement tenus à jour.

LIVRE POUR LE CONTROLE, LA VÉRIFICATION ET LES CHANGEMENTS
DES DIFFÉRENTS ORGANES DES VOITURES AUTOMOTRICES

MOTRICE N°	
MOTEURS TYPE	RÉGULATEURS TYPE ....

Mise en service le 10 janvier 1908.
Roues neuves le 10 janvier 1908.
Peinture neuve le 10 janvier 1908.
Coussinets induits le 10 janvier 1908.
Coussinets porteurs le 10 janvier 1908.
Coussinets d'essieux le 10 janvier 1908.
Engrenages neufs le 10 janvier 1908.
Pignons neufs le 10 janvier 1908.
Moteur n° 1. Induit matricule 1314.
Moteur n° 2. Induit matricule 1515.
Changer les coussinets d'induits le 12 mai 1903.
Changer l'induit n° 1515 qui a eu un coup de feu au collecteur. Remplacé par
  l'induit n° 1321 le 30 mai 1908.

        Etc., etc.

LIVRE POUR LE CONTROLE, LA VÉRIFICATION ET LES CHANGEMENTS
DES DIFFÉRENTS ORGANES DES VOITURES DE REMORQUE

REMORQUE N°	
TYPE	NOMBRE DE PLACES ....

Mise en service le 10 janvier 1908.
Roues neuves le 10 janvier 1908.
Peinture neuve le 10 janvier 1908.
Coussinets d'essieux le 10 janvier 1908.
Revernissage le 16 decembre 1908.

        Etc., etc.

LIVRE POUR LE CONTROLE, LA VÉRIFICATION ET LES TRAVAUX EXÉCUTÉS
AUX VOITURES PAR SUITE DE COLLISION

DATE	N° DE LA VOITURE	DÉGATS	SOMMES
27 mai 1906.	29 (motrice).	Démontage, remontage et réparation d'un montant de la plate-forme	5 francs.
		Raccords de peinture.	1 —
		Total.	6 francs.
30 mai 1906.	44 (remorque).	Redressage d'un tablier.	3 francs.
		Raccords de peinture et vernissage.	3 —
		Total.	6 francs.
		Etc., etc.	

LIVRE POUR L'ÉTAT SIGNALÉTIQUE JOURNALIER DES AVARIES SIGNALÉES
PAR LES EMPLOYÉS AU CHEF WATTMAN ET TRANSMISES TOUS LES JOURS
A L'ATELIER

N° DE LA VOITURE	DÉSIGNATION	FAIT OU NON
79	Voir les freins qui sont longs.	
41	Le moteur n° 2 donne des coups de feu en marchant en parallèle.	
61	Les sablières, côté moteur n° 1, ne fonctionnent pas bien.	
37	Vérifier les portières : leur fonctionnement est défectueux.	
67	Remplacer le chasse-corps qui est cassé.	
	Le 21 mai 1906. *Le chef wattman,* X.	
	Etc., etc.	

LIVRE POUR LE CONTROLE, LA VÉRIFICATION ET LES CHANGEMENTS DE LA VOIE

DATES	DÉSIGNATION DU TRAVAIL
23 mai 1906.	Repris le serrage des éclisses entre les points A et B de la ligne **X**. Vérification de l'aiguillage croisement 12. — Changé l'axe d'une flèche ligne Y.
24 mai 1906.	L'équipe n'a pas travaillé : a tombé de l'eau tout le jour.
25 mai 1906.	Changé les éclissages électriques entre les points **A** et **B**, ligne **Z**. Etc., etc.

LIVRE POUR LE CONTROLE, LA VÉRIFICATION ET LES CHANGEMENTS DE LA LIGNE AÉRIENNE

DATES	DÉSIGNATION DU TRAVAIL
25 mai 1906.	Changé une oreille à hauteur du poteau n° 741, ligne Y. Etat du fil de trolley : Légère usure sur le côté, partie la plus faible 97/10. (Etat du fil neuf : 100/10.)
26 mai 1906.	Changé une boule isolante à hauteur du poteau n° 480, ligne **X**. Etat du fil transversal : Bon. Etc., etc.

Pièces de rechange. — On devra toujours avoir à sa disposition des pièces de rechange. L'entretien ne sera bien fait qu'à cette condition, et, comme nous l'avons déjà dit, il ne faut pas attendre qu'une pièce soit complètement cassée ou usée pour la changer. Au contraire c'est au moment où elle commence à se détériorer qu'il faut la remplacer.

Comme pièces de rechange indispensables nous pouvons citer :

Induits ;
Inducteurs ;
Sections d'induits ;
Interrupteurs principaux ;
Interrupteurs d'éclairage ;
Résistances ;
Boîtes fusibles ;
Parafoudres ;
Freins électriques ;
Porte-balai ;
Régulateurs ;
Doigts de régulateur ;
Secteurs de régulateur ;
Manivelles de régulateur ;
Manettes de régulateur ;
Prises de courant d'éclairage ;
Lampes ;
Fusibles ;
Coussinets d'induits ;
Coussinets porteurs ;
Coussinets d'essieux ;
Perches de trolley ;

Essieux montés motrices ;
Essieux montés remorques ;
Essieux ;
Centres ;
Bandages de roues ;
Chasse-corps divers ;
Filets protecteurs ;
Marchepieds ;
Sabots de freins motrices ;
Sabots de freins remorques ;
Manivelles de frein ;
Sonneries d'appel ;
Timbres ;
Stores ;
Feux de route ;
Attelages de motrice ;
Attelages de remorque ;
Boîtes d'engrenage ;
Boîtes d'essieu ;
Ressorts de suspension divers ;
Plaques indicatrices ;
Portières de côté, etc., etc.

Magasin d'approvisionnement. — C'est au magasin d'approvisionnement que sont entreposées les matières servant à l'entretien du matériel. Il fonctionne sous la conduite d'un magasinier comptable qui a sous ses ordres un aide-magasinier.

Au fur et à mesure de leur réception les marchandises sont portées sur un livre d'entrées, puis sur un grand livre.

Le tableau n° 1 donne un spécimen du livre d'entrées et de sorties et le tableau n° 2 un autre du grand livre.

Les sorties sont d'abord portées sur un livre d'entrées et de sorties puis ensuite par quantités sur le grand livre.

Le livre d'entrées et de sorties doit être tenu comme un journal et très sérieusement. Il en est de même pour le grand livre, car c'est sur

Tableau n° 1.

ENTRÉES				SORTIES			
Date d'entrée au magasin.	Nom du fournisseur.	Désignation des objets.	Poids ou quantités.	Date de sortie.	Chapitre du compte prenant.	Désignation des objets.	Poids ou quantités.

Tableau n° 2.

ENTRÉES					SORTIES			
Fournisseur.	Désignation.	Dates.	Quantités reçues.	Valeur.	Dates.	Quantités sorties.	Valeur.	Compte prenant.
		mois. | jour.		fr. | cent.	mois. | jour.			

ce dernier que l'on pourra vérifier l'existant en magasin comme valeur et marchandises.

Aux sorties on devra affecter chaque article au chapitre intéressé : « Caisses, trucks, freins, etc. »

L'inventaire du magasin devra être fait deux fois par an.

Dépôts. — La disposition d'un dépôt varie avec la forme du terrain occupé.

On les construit de deux façons différentes :

1° Avec entrée des voitures par aiguillage (fig. 90) ;

2° Avec entrée des voitures par transbordement (fig. 91).

La disposition par aiguillage est de beaucoup préférable. Elle nécessite d'abord moins de personnel, supprime l'entretien d'un transbordeur électrique et économise l'énergie que cet appareil consomme.

Dans le dépôt on s'attachera à disposer les diverses voies exactement de niveau afin d'éviter les tamponnements qui pourraient se produire sur une voie en pente quand le frein d'une voiture est desserré.

Une fosse sera installée sur chaque voie pour permettre la visite des

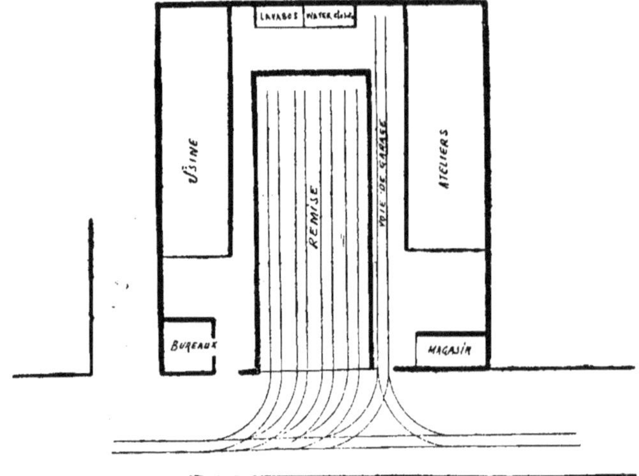

Fig. 90. — Disposition d'un dépôt. (Entrée des voltures
par aiguillages.)

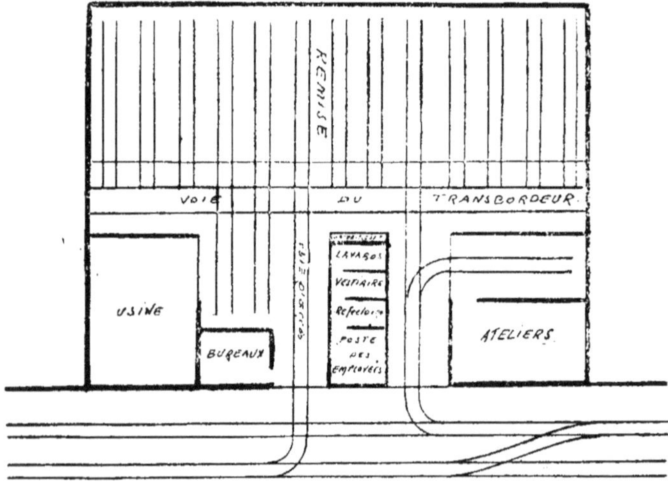

Fig. 92. — Disposition d'un dépôt. (Entrée des voitures
par transbordeur).

voitures. Un éclairage électrique avec prise de courant devra être disposé dans les fosses.

Ces fosses communiqueront entre elles par des voûtes, afin que les ouvriers travaillant continuellement sous les voitures ne soient pas obligés de monter et descendre à chaque instant pour passer de la visite d'une voiture à celle d'une autre.

Les fils de trolley seront disposés sous la toiture des remises dans de larges gouttières en bois. Ces gouttières ont pour but d'éviter d'endommager la toiture dans le cas où le trolley viendrait à quitter le fil.

Les bureaux, salles d'employés, etc., formeront un corps de bâtiment spécial. Les water-closets, les lavabos et les vestiaires devront être pourvus de tous les accessoires nécessaires de façon à assurer autant que possible le bien-être des ouvriers.

CHAPITRE V

LIGNES AÉRIENNES

CONSTRUCTION DES LIGNES AÉRIENNES

Lignes. — Construction des lignes. — Suspension des lignes. — Feeders.
Protection des lignes. — Outillage des lignes.

Lignes. — Les lignes aériennes qui servent à transmettre le courant aux différents organes des voitures sont faites en fil de cuivre tréfilé ayant un diamètre variant entre 8 et 12 millimètres.

Les portées entre points de suspension ne dépassent pas 40 mètres et la flèche ordinaire pour ces portées est de 400 millimètres.

La hauteur du sol au fil est de 7 mètres et la suspension des fils est obtenue au moyen de fils d'acier de 4 à 6 millimètres de diamètre ou de petits câbles en acier à 7 fils.

Construction des lignes. — En premier lieu on doit faire le piquetage des poteaux. La voie posée, on se rendra mieux compte sur place de l'endroit exact à déterminer pour la pose des poteaux dans les courbes et les communications des voies.

Il y aura intérêt à économiser le plus possible les poteaux en employant des rosaces (fig. 92) et des consoles (fig. 93).

Les poteaux employés sont généralement en acier ; on emploie aussi quelquefois des poteaux en bois.

Les poteaux en acier, dits télescopiques à cause de leur forme décroissante, coûtent environ 300 francs sans ornementation et ont une longueur de 9 mètres. Quant au diamètre il varie avec l'effort que l'on a à exercer à la tête.

Nous donnons au tableau n° 1 le détail de deux types de poteaux télescopiques.

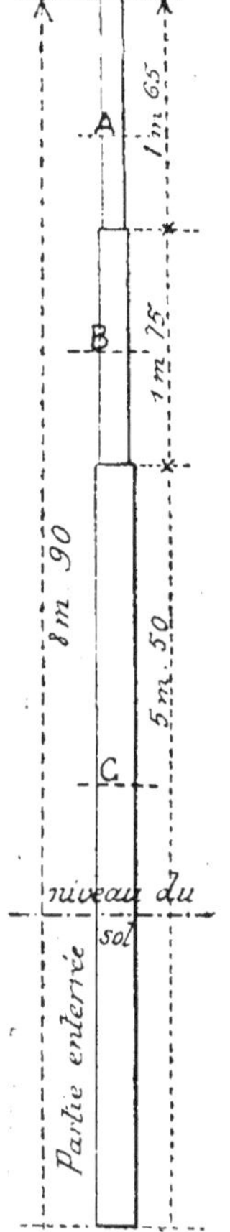

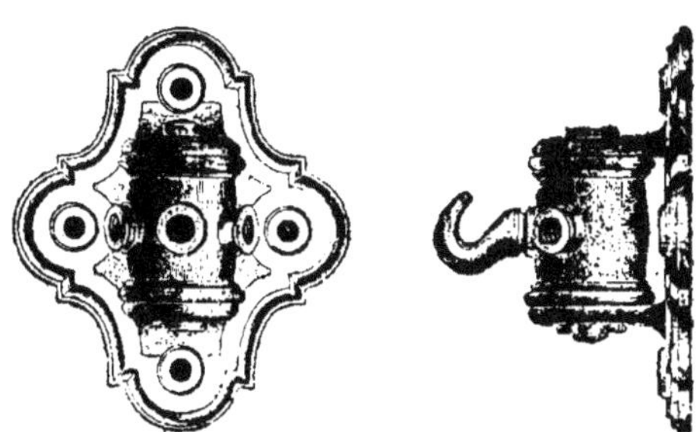

Fig. 92. — Rosace.

Tableau n° 1

(donnant le détail de deux types de poteaux télescopiques).

POTEAU TÉLESCOPIQUE (POUR LIGNE DROITE)						
Désigna-tion des tubes.	Longueur des tubes.	Diamètre des tubes.	Épaisseur des tubes.	Effort à l'extrémité	Flèche maxima.	Prix.
A	2,050	110	6			
B	2,150	140	7	200 k°°	110 ■/ᵐ	220
C	5,500	170	8			
POTEAU TÉLESCOPIQUE (POUR COURBE)						
A	2,050	140				
B	2,150	170	15	600 k°°	125 ᵐ/ᵐ	300
C	5,500	200				

Ces poteaux sont scellés dans un béton de 1 m. 900 de profondeur. On aura soin de leur donner un peu d'inclinaison en sens contraire du tirage du transversal. En opérant de cette façon quand la ligne sera en place les poteaux resteront droits.

La pose des poteaux terminée, on procédera à la mise en place des transversaux en ayant soin de passer dans les parties droites les corps de suspension ligne droite (fig. 94) et dans les courbes les suspensions de courbe (fig. 95), le tout provisoirement, les suspensions ne devant être réglées définitivement qu'une fois le fil de trolley en place. On allongera ensuite le fil en tirant avec un palan tous les deux cents mètres. Le fil ne sera fixé aux oreilles qu'une fois la ligne tendue ; avant cette fixation il sera maintenu dans une boucle à chaque transversal; de cette

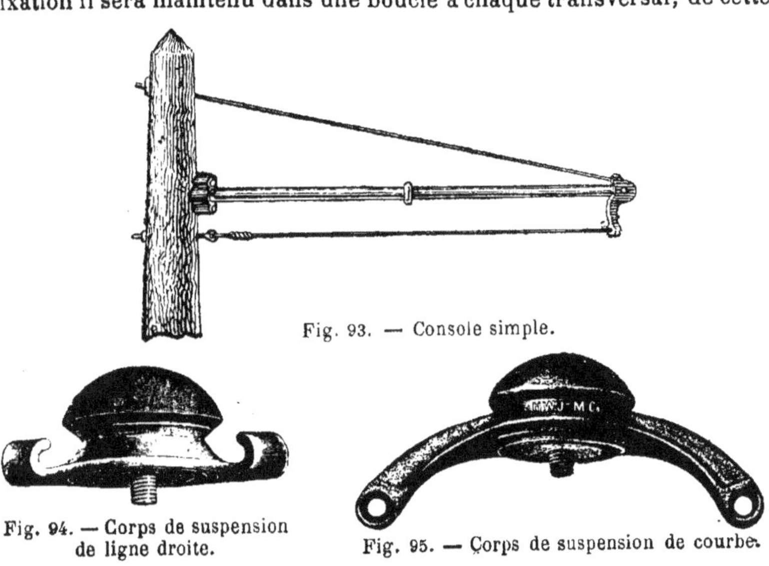

Fig. 93. — Console simple.

Fig. 94. — Corps de suspension de ligne droite.

Fig. 95. — Corps de suspension de courbe.

façon les flèches s'équilibreront d'elles-mêmes et la ligne terminée aura un meilleur aspect.

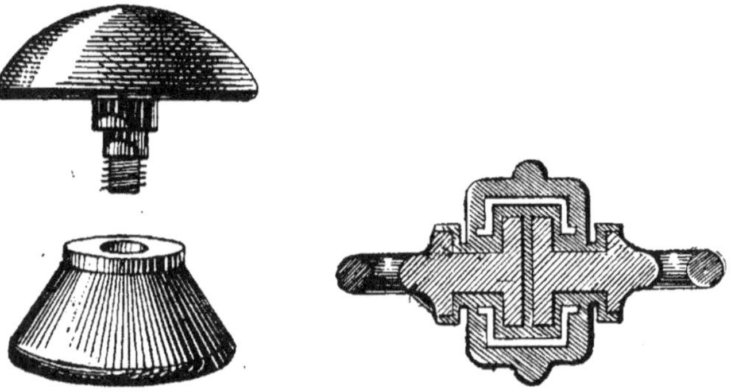

Fig. 96. — Champignon.

Fig. 97. — Boule isolante (coupe).

L'isolement du fil sera double : à la jonction du fil transversal au moyen d'un champignon isolant (fig. 96), et à chaque extrémité du transversal avec une boule isolante (fig. 97).

Suspension des lignes. — La suspension des lignes se fait de

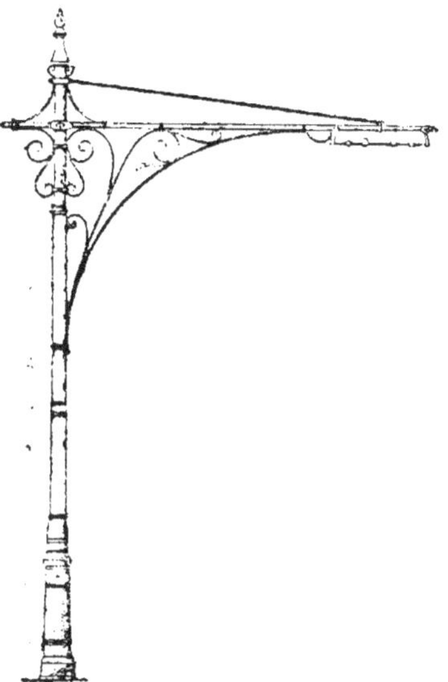

Fig. 98. — Console simple sur poteau
ornementé.

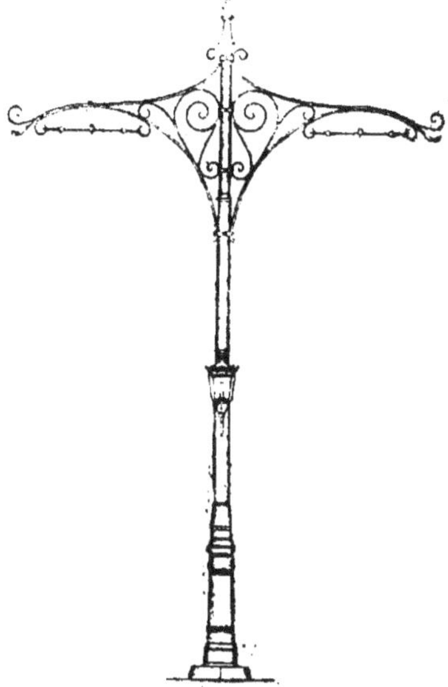

Fig. 99. — Console double sur poteau
ornementé.

Fig. 100. — Oreilles de suspension.

Fig. 101. — Aiguille pour ligne axiale.

deux façons, sur transversaux ou sur consoles (fig. 98 et 99). On relie le fil de trolley au champignon au moyen d'oreilles spéciales (fig. 100).

Dans les communications de voie la réunion des fils se fait au moyen d'aiguilles qui sont fixes (fig. 101) pour lignes axiales ou mobiles (fig. 102)

Fig. 102. — Aiguille pour ligne désaxée.

Fig. 103. — Croisement pour ligne aérienne.

Fig. 104. — Fuseau de raccordement.

Fig. 105. — Oreille de jonction.

pour lignes désaxées. Le croisement des fils est raccordé au moyen d'appareils en bronze (fig. 103) et la jonction faite avec un fuseau (fig. 104) ou une oreille de jonction (fig. 105).

Feeders. — Quand un réseau a une certaine importance, l'alimentation des fils de trolley se fait par sections.

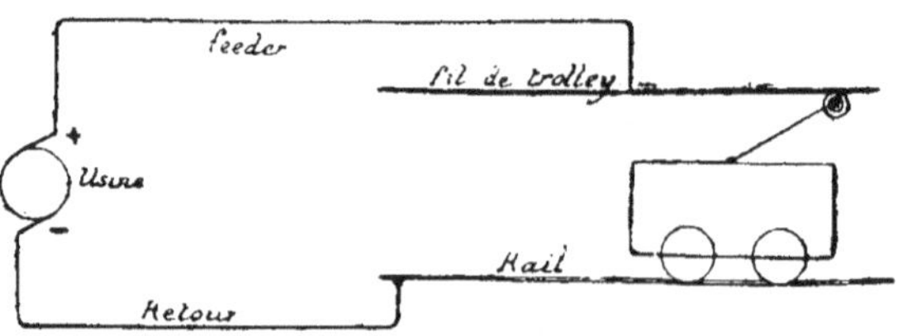

Fig. 109. — Alimentation par feeder.

On emploie pour ce transport de force des câbles d'alimentation.

Ils aboutissent à un endroit déterminé du réseau pour en alimenter une section (fig. 106). Cette section est isolée des autres par des isolateurs de sectionnement (fig. 107). La communication avec le fil de trolley se fait par des interrupteurs spéciaux (fig. 108) placés sur la ligne.

Chaque feeder a sur le tableau de l'usine son coupe-circuit fusible, son interrupteur automatique et son parafoudre.

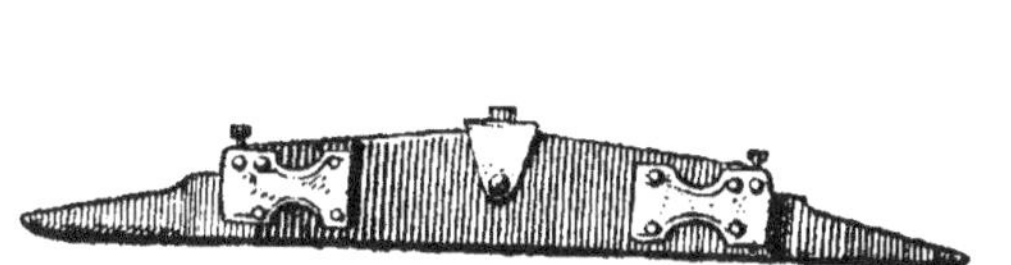

Fig. 107. — Isolateur de sectionnement.

Fig. 108. — Interrupteur
de sectionnement.

Protection des lignes. — Il est à recommander de monter des parafoudres sur les lignes aériennes. Ces appareils, en double avec ceux des voitures, donnent une plus grande sécurité en cas d'orage, car ces appareils ne sont pas toujours bien réglés et leur fonctionnement est alors imparfait.

L'isolement des fils conducteurs doit être fait à chaque croisement des fils téléphoniques. Dans ce but on a combiné un isolement spécial

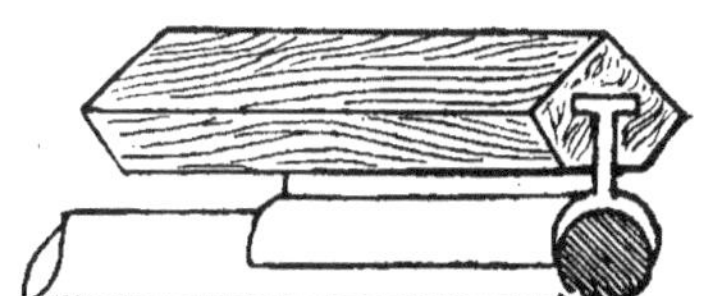

Fig. 109. — Protecteur de ligne aérienne.

(fig. 109). Il se compose de guides profilés en cuivre que l'on soude sur le fil de trolley. Ces guides posés on emmanche sur eux une baguette en bois qui isole la partie supérieure du fil. L'extrémité de cette baguette porte un crochet qui a pour but d'arrêter le fil téléphonique coupé dans le cas où celui-ci viendrait à glisser sur la baguette.

Une autre disposition que l'on emploie sur consoles consiste à tendre deux fils parallèles à 40 centimètres au-dessus du fil de trolley.

Outillage des lignes. — L'entretien et la réparation des lignes se font au moyen d'un chariot spécial. Ce chariot est généralement à coulisse et à hauteur variable.

La réparation terminée on abaisse la partie supérieure, ce qui rend le véhicule moins volumineux et ce qui permet de se rendre plus promptement sur les lieux de l'avarie.

L'outillage du chariot doit être bien aménagé et doit comprendre au moins les ustensiles suivants :

1 **étau** à pied.	1 cisaille à fil.
1 **étau** à main.	2 pinces à gaz.
5 **limes**.	1 cisaille à main.
2 **râpes**.	1 pince coupante.

Fig. 110. — Main de fer pour œillets.

Fig. 111. — Serres divers.

1 pince plate.	2 clés à molette.
2 pinces universelles.	2 clés anglaises.
1 pince ronde.	10 clés à fourche diverses.
6 mains de fer à œillets (fig. 110).	6 serres simples (fig. 111).

7

6 serres automatiques (fig. 112).
1 tenaille serre-champignons.
3 marteaux.
5 broches.
1 vilebrequin.
10 mèches à métaux
10 mèches à bois.
10 tarières.

10 vrilles.
1 scie égoïne.
1 scie à métaux.
1 hache.
4 fers à souder.
1 lampe à souder.
1 échelle à coulisse.
2 échelles simples.

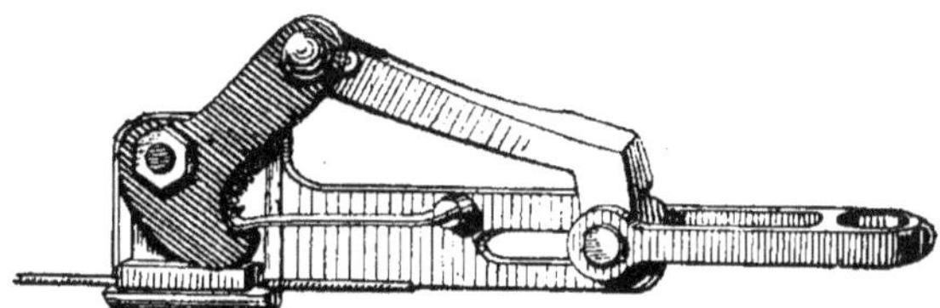

Fig. 112. — Serre automatique.

Fig. 113. — Appareil à raccorder
les fils.

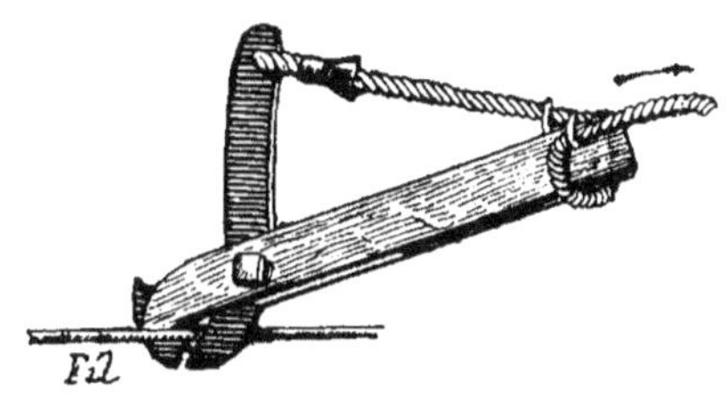

Fig. 114. — Tenaille isolante.

4 burins.
4 bédanes.
6 tourne-vis.
12 ridoirs.
6 clés à douille.
3 palans.
1 réchaud.
1 soufflet.
1 marmite à étain.

2 cuillères à étain.
1 appareil à raccorder les fils (fig. 113).
6 pinces à épissures.
10 élingues.
4 bidons.
1 pot à peinture.
1 seau.
1 appareil à percer les poteaux.

1 fil à plomb.

1 cordeau.

1 décamètre.

1 palmer.

3 paires de gants caoutchouc.

1 tapis caoutchouc.

1 voltmètre.

6 tenailles à ramasser les fils (fig. 114).

3 costumes caoutchoutés.

1 chariot (fig. 115).

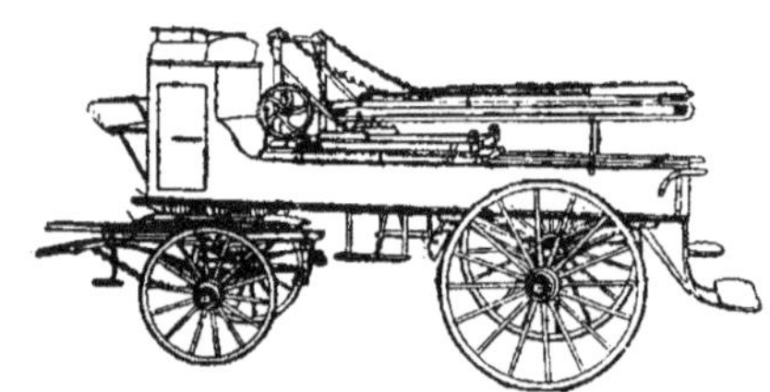

Fig. 115. — Chariot pour l'entretien des lignes.

CHAPITRE VI

VOIES

CONSTRUCTION DES VOIES

Voies. — Fondation des voies. — Eclissage électrique des voies. — Soudure des joints.

Voies. — Les rails qui servent à la construction des voies sont en acier laminé, leur assemblage se fait au moyen d'éclisses fixées au moyen de plusieurs boulons solidement serrés.

L'écartement des rails est maintenu au moyen de traverses en fer plat placées tous les deux mètres, nommées entretoises.

Les voies se font sur deux gabarits :

1° Voie étroite, 1 mètre ;

2° Voie normale, 1 m. 440.

Ce dernier écartement est de beaucoup préférable en raison des encombrements des moteurs, appareils de frein, etc.

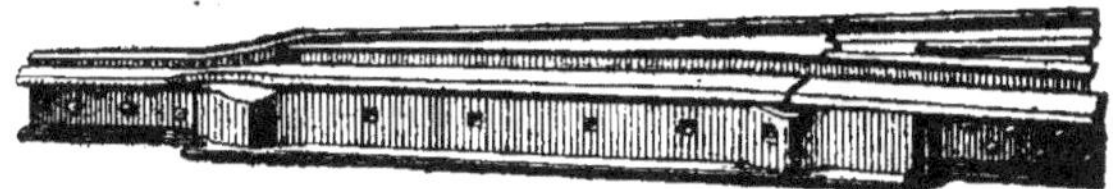

Fig. 116. — Aiguille de voie.

Parmi les nombreux rails à gorge reconnus bons nous pouvons citer le type Phœnix dont nous donnons les caractéristiques :

Longueur, 15 et 18 mètres ;

Hauteur, 145 millimètres ;

Largeur de patin, 130 millimètres ;
Épaisseur d'âme, 10 millimètres ;

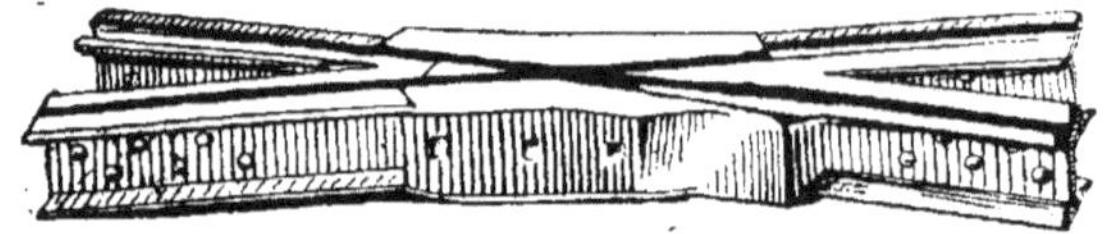

Fig. 117. — Cœur de voie.

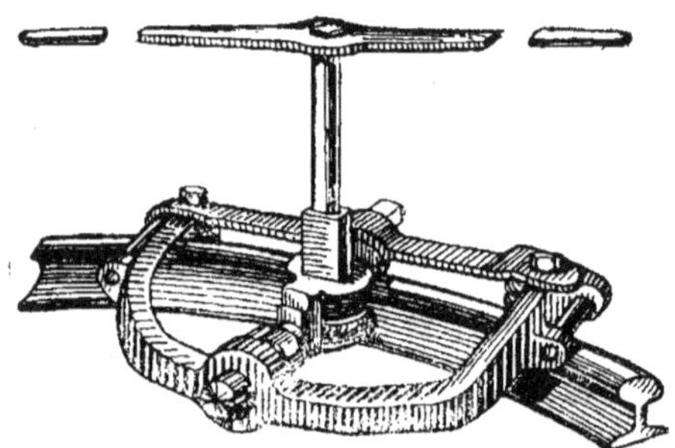

Fig. 118. — Presse à cintrer les rails.

Fig. 119. — Machine à cintrer les rails.

Largeur de la table de roulement, 45 millimètres ;
Gorge, 35 millimètres de profondeur et 30 de largeur ;
Poids, 38 kilos le mètre.

La jonction est faite au moyen d'éclisses de 0 m. 700 de long munies de 6 boulons de 24 millimètres.

L'appareillage des voies est fait au moyen d'aiguillages (fig. 116) et de cœurs (fig. 117). La fabrication de ces appareils se fait soit en acier fondu (1), soit au moyen de rails.

Le cintrage des rails se fait au moyen de presses (fig. 118) ou de machines spéciales (fig. 119).

Fondation des voies. — La fondation des voies varie avec la nature du sol. Nous pouvons en faire trois classifications :

1° *Terrain dur.* — Avec une chaussée empierrée, c'est-à-dire sur un terrain dur, on établira la tranchée en conservant seulement 5 ou 6 centimètres au-dessous du patin du rail pour le bourrage.

2° *Terrain argileux.* — Avec un terrain argileux on établira une tranchée de 350 millimètres de profondeur en partant du niveau du sol. Cette tranchée sera garnie avec du sable que l'on aura soin de bourrer sous les rails.

3° *Terrain vaseux.* — Avec un terrain vaseux on établira une tranchée de 70 centimètres de profondeur. On remontera au niveau du patin du rail en damant énergiquement des couches d'escarbilles de 120 millimètres d'épaisseur. Pour la bonne prise de ces couches nous recommandons de mouiller abondamment. Ne jamais se servir de gravier dans les terrains argileux ou vaseux.

Fig. 120. — Connexions de voie.

Eclissage électrique des voies. — Quand les rails servent de conducteur pour le retour du courant il faut faire, indépendamment de l'éclissage mécanique, un ou plusieurs éclissages électriques. Ces éclis-

(1) Les aciers au manganèse donnent d'excellents résultats.

sages ont pour but de laisser perdre le moins de courant possible et ainsi d'éviter les effets électrolytiques.

Ces éclissages se font au moyen de connexions en cuivre qui varient de forme avec le système.

Nous représentons figure 120 plusieurs types de connexions à dilatation.

Lorsque la densité du courant est trop forte ou que l'éclissage électrique ne réunit pas les conditions exigées, on a recours à l'installation de câbles de retour qui sont reliés de la barre moins du tableau à différents points du réseau.

La pose de ces câbles se fait parallèlement à la voie dans des gouttières en bois que l'on a soin de remplir de sable ou de grès.

Soudure des joints. — En vue de donner une bonne conductibilité aux joints et de supprimer autant que possible le martelage des joints on a imaginé de souder ces derniers.

Cette opération se fait de plusieurs façons :

1° Electriquement à l'aide d'un transformateur spécial ;

2° Par coulée en fonte avec un cubilot (joint Falk) (fig. 121) ;

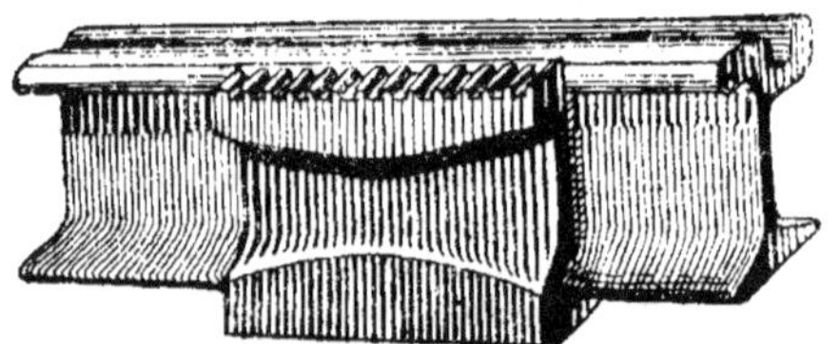

Fig. 121. — Soudure Falk.

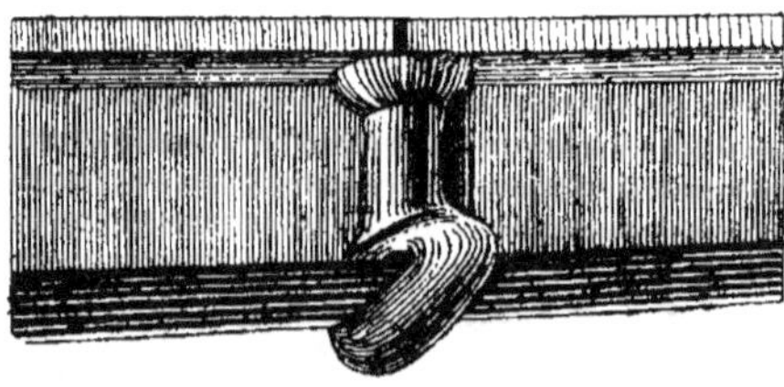

Fig. 122. — Soudure aluminothermique.

3° Par des procédés aluminothermiques (fig. 122).

Il est bien entendu que l'on ne doit procéder à la soudure des joints que sur les voies encastrées en laissant un joint de dilatation tous les 100 mètres.

Ces soudures ne peuvent se pratiquer sur les voies construites sur ballast à cause de leur dilatation.

CHAPITRE VII

EXPLOITATION

NOTES D'EXPLOITATION

Généralités. — Horaires. — Perceptions. — Dommages causés sur la voie publique.

Généralités. — Un des buts qu'on doit se proposer pour une bonne exploitation de tramways est de réaliser toutes les économies possibles, les charges inévitables qui pèsent sur les exploitations imposant bien souvent de grands sacrifices.

Il est nécessaire d'inciter le public, et par toutes les combinaisons possibles, de chercher à ce qu'il soit tenté par le tramway.

Pour cela on doit s'efforcer d'organiser un service régulier, de rendre les arrêts le plus court possible, d'acquérir une bonne vitesse commerciale, d'organiser des horaires de telle sorte que les voyageurs soient à l'aise dans les voitures et qu'ils ne soient pas obligés de partir à pied ou d'attendre la voiture suivante, de maintenir les voitures dans un état de propreté irréprochable et de tenir la main à ce que le service des employés soit fait de la façon la plus correcte.

Dans le cas d'un encombrement ou d'une avarie sur la voie, le service doit être fait provisoirement par transbordement, et, dès que les circonstances le permettent, réorganisé le plus promptement possible.

L'instruction des wattmen doit être aussi complète que possible, car avec de bons conducteurs on évitera beaucoup d'avaries électriques dont les réparations sont onéreuses.

Avec ces conditions l'exploitation verra son trafic s'accroître tout en donnant au public entière satisfaction.

Horaires. — Les horaires varient avec la configuration des lignes et leur trafic.

Sur les lignes à grand débit il est cependant à recommander de serrer les horaires le plus possible c'est-à-dire de prévoir pour chaque parcours un temps aussi restreint que possible. De cette manière on atteindra une vitesse commerciale plus forte, des départs plus rapprochés avec le même nombre de voitures et on exploitera ainsi plus économiquement.

Tableau n° 1.

TRAMWAYS DE .....

Voiture n° ....   *Date* ....

Noms et heures des changements de conducteurs.	Numéros des remorques	Terminus.	Dépôt.	Station 1.	Station 2.	Station 3.	Terminus.	Observations.
								Durée du service.
								Signature.

Pour atteindre une bonne vitesse commerciale il faut :

1° Utiliser des moteurs puissants afin d'effectuer de bons démarrages ;

2° Habituer les voyageurs à monter ou à descendre d'un seul côté de la voie afin que le dégagement des voitures soit rapide ;

3° Posséder de bons freins afin que le freinage soit rapide ;

4° Recommander au conducteur de ne pas s'occuper aux arrêts de la perception des places, mais bien de la descente et de la montée des voyageurs afin de donner le signal en temps voulu ;

5° Brûler les haltes facultatives toutes les fois qu'aucun voyageur ne demandera à monter ou à descendre ;

6° Proscrire l'emploi des voitures à impériale dont le dégagement est très lent ;

7° Employer le plus possible les voies doubles, cette disposition permettant de ne faire aucun arrêt pour le croisement des voitures.

En réunissant toutes ces conditions, une voiture peut faire en moyenne 150 à 180 kilomètres par jour.

Nous représentons au tableau n° 1 un modèle du graphique que doit remplir le conducteur après chaque voyage et qui donne à la fin de la journée le nombre des kilomètres parcourus par la voiture.

Perceptions. — La perception est faite par les conducteurs sur délivrance d'un ticket numéroté, détaché d'un carnet à souche. La différence entre le numéro du dernier ticket vendu la veille et celui du dernier vendu le jour même donne le nombre de tickets vendus et par conséquent la recette.

Les conducteurs ne devront jamais laisser monter plus de voyageurs qu'il n'y aura de places prescrites, d'abord parce qu'ils ne peuvent faire alors leur recette sérieusement et qu'ils s'exposent à des fraudes, ensuite pour ne pas gêner les voyageurs déjà placés sur la voiture.

La perception doit être faite le plus promptement possible, de façon à ce que chaque voyageur ait son ticket avant qu'il ne soit près de descendre.

Dommages causés sur la voie publique. — Il arrive que soit par suite de l'encombrement du charroi, soit par une manœuvre maladroite ou imprudente, les cars entrent en collision avec des tiers.

Dans ce cas le wattman doit prendre des témoins et le conducteur le nom et l'adresse portés sur la plaque du véhicule.

Les employés sont obligés de faire un rapport sur l'accident.

Pour faciliter ce travail on a, dans certains réseaux, préparé des imprimés spéciaux (tableau n° 2) qui donnent tous les détails nécessaires pour faire l'enquête et établir les responsabilités.

Tableau n° 2.

TRAMWAYS DE .....

———

RAPPORT D'ACCIDENT N° .....

Car n°   . Date :   1   *. Heure exacte :*   { *Matin.*
{ *Soir.*

Ligne et direction du Car :

Emplacement précis de l'accident :

Vitesse du Car : avant l'accident   *; au moment de l'accident*

Au moment de l'acci- {   *serré*   *la manette du contrôleur était* } *sur marche* { *avant.*
dent : le frein était { *pas serré*   { *arrière.*
                                                                                     { *à zéro.*
                                                                                   { *sur frein électrique.*

Quelle distance a par- { *le serrage au frein :*   *mètres.*
couru le Car après { *la mise en action du frein électrique :*   *mètres.*
                           { *le renversement du courant :*   *mètres.*

Quelle distance a parcouru le Car après le choc :

Le Wattman a-t-il corné, et combien avant la collision :

État atmosphérique :   *. Condition de la voie, rail* { *sec.*
{ *mouillé.*
{ *gras.*

Noms et adresses des personnes présentes (Indiquer leur position sur le Car ou dans la
rue) :

NATURE ET IMPORTANCE DES DOMMAGES

1° Aux personnes. Noms et adresses :

2° A la propriété d'autrui. Noms et adresses des propriétaires :

3° A la propriété de la Compagnie :

En cas de collision avec un véhicule :

Numéro de plaque :   *. Nom porté sur la plaque :*

Direction suivie par le véhicule au moment de l'accident :

Vitesse du véhicule :

Tableau n° 2 (suite).

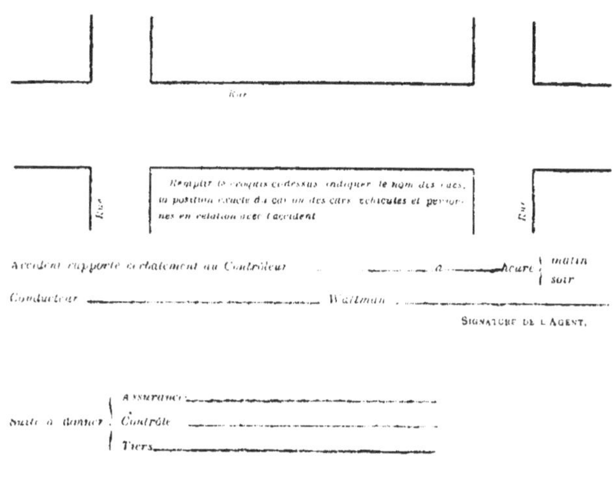

DÉTAILS COMPLETS DE L'ACCIDENT :

                                                    (Signature du conducteur)

DÉPENSES DE PREMIER ÉTABLISSEMENT

Voies. — Lignes aériennes. — Feeders. — Matériel roulant. — Dépôts.

Voies. — En considérant d'abord la voie qui comprend les terrassements, bétons, pose de rails, pavages et empierrements, les prix sont en rapport avec la profondeur des fondations et le poids des rails.

Prenons par exemple la voie Vignole sur accotement de route avec rails de 25 kilos le mètre, traverses comprises ; le prix de revient kilométrique est de 25.000 francs voie simple ; 50.000 voie double.

Comparativement à ce type prenons maintenant une voie construite avec rails Phœnix de 15 mètres de long et 38 kilos le mètre. Le prix de revient kilométrique sera :

Voie simple (terrassements, bétons, pavage
   des croisements et empierrements) . . . . 17.000 francs
Pose de rails et appareils . . . . 24.000 —
                   Total . . . . 41.000 —

Le prix de la voie double s'obtiendra comme plus haut en doublant le prix de la voie simple, ce qui nous donne 82.000 francs.

Lignes aériennes. — Pour la construction des lignes aériennes on emploie le plus souvent à l'intérieur des villes des poteaux métalliques. Le prix de ces derniers, qui varie entre 250 et 300 francs, est proportionné à leur diamètre, leur épaisseur et leur ornementation.

En rase campagne, par raison d'économie, l'emploi de poteaux en bois est très fréquent. Le prix d'un de ces poteaux est d'environ 30 francs.

En raison de ces différences le prix du kilomètre varie avec le matériel employé.

Pour établir un prix de revient kilométrique, il faut compter cinquante poteaux en ligne droite avec transversaux et vingt-cinq avec consoles. A ce prix il faut ajouter 4.000 à 5.000 francs pour le fil conducteur, suspensions, et accessoires divers en ligne simple. Pour ligne double on peut compter 3.000 francs de plus. Il est bien entendu que ces prix peuvent varier avec le cours des métaux.

Pour les lignes montées sur consoles, il faut ajouter le prix de ces consoles 75 francs pour une console simple et 100 francs pour une double. Pour les consoles non ornementées le prix peut s'abaisser à 30 francs.

En tablant sur ces chiffres on trouvera les différences suivantes :

Ligne simple suspendue sur transversaux
et poteaux métalliques.

50 poteaux à 250 francs . . . . 12.500 francs
Fil de trolley et accessoires divers. . . . 5.000 —
                              17.500 francs

Même disposition ligne double, 17.500 + 3.000 = 20.500 francs

Ligne simple suspendue sur transversaux et poteaux en bois.

```
50 poteaux à 30 francs . . . . . . . . .   1.500  francs
Fil de trolley et accessoires divers. . . .  5.000  —
                                            ─────────
                                             6.500  francs
```

Même disposition ligne double, 6.500 + 3.000 = 9.500 *francs.*

Ligne simple suspendue sur console et poteaux métalliques.

```
25 poteaux à 250 francs . . . . . . . . .   6.250  francs
25 potences à 75 francs. . . . . . . . . .  1.875  —
Fil de trolley et accessoires divers. . . .  5.000  —
                                            ─────────
                                            13.125  francs
```

Même disposition ligne double, 13.125 + 3.000 = 16.125 *francs.*

Ligne simple suspendue sur consoles et poteaux en bois.

```
25 poteaux en bois à 30 francs . . . . . .   750  francs.
25 potences à 30 francs. . . . . . . . . .   750  —
Fil de trolley et accessoires divers . . . .  5.000  —
                                            ─────────
                                             6.500  francs.
```

Même disposition ligne double 6.500 + 3.000 = 9.500 *francs.*

Ligne double suspendue sur consoles doubles
et poteaux métalliques.

```
25 poteaux à 250 francs. . . . . . . . . .   6.250  francs
25 potences à 100 francs. . . . . . . . . .  2.500  —
Fil de trolley et accessoires divers . . . .  7.000  —
                                            ─────────
                                            15.750  francs
```

Feeders. — Le prix des feeders est variable avec l'étendue du réseau et la façon dont on les dispose. Ils peuvent en effet être aériens ou souterrains.

Pour les feeders aériens on peut compter 6.000 francs par kilomètre et pour les feeders souterrains de 15.000 à 20.000 francs.

Matériel roulant. — Le prix des voitures est en rapport avec le luxe, le nombre de places et l'équipement électrique. Une voiture de 50 places à 2 classes équipée avec des moteurs de 42 chevaux et appareils divers coûte 25.000 francs. Pour une voiture du même nombre de places à classe unique et moteurs de 25 chevaux, ce prix s'abaisse à 18.000 francs.

L'équipement électrique à lui seul rentre pour 8.000 à 12.000 francs dans ces prix.

Pour les voitures de remorque le prix dépend du type.

Une voiture ouverte, type été, coûte 4.000 francs.

Une voiture fermée, type hiver, coûte 6.000 francs.

Pour évaluer la dépense du matériel à acheter pour un réseau d'une longueur déterminée on n'aura qu'à évaluer le nombre de voitures que l'on devra mettre en service par kilomètre et l'horaire à suivre. Il faut également tenir compte des voitures de réserve.

Dépôts. — Le prix d'un dépôt est proportionné à son aménagement.

Le bâtiment des remises à voitures peut être établi à raison de 40 à 50 francs le mètre carré couvert.

L'installation des fosses de visite, des voies d'accès, magasins, ateliers, locaux, mobilier, etc., varie avec l'importance et les dispositions du réseau.

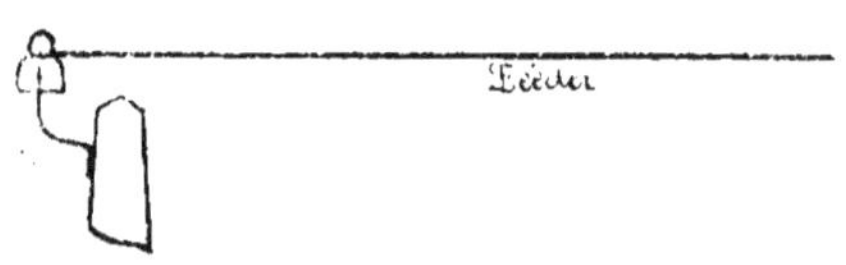

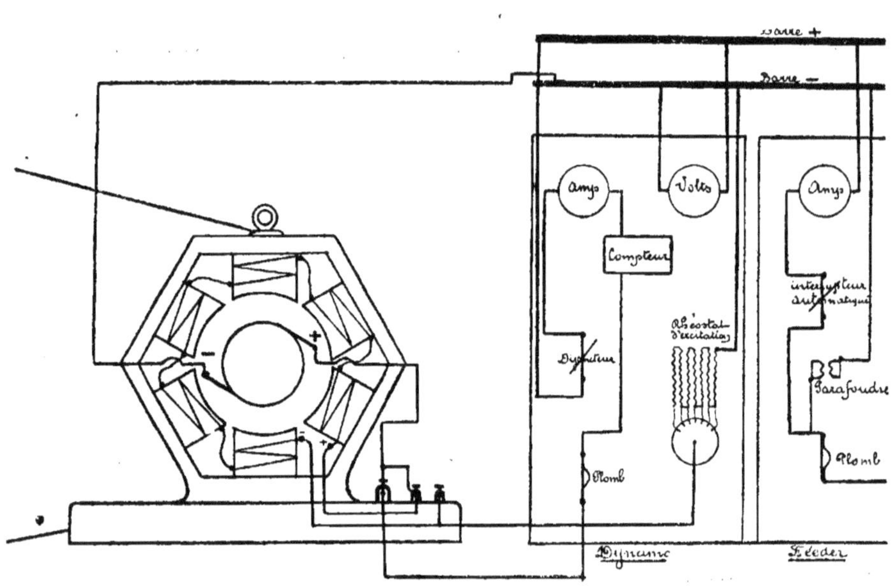

PLANCHE IX. — P. 112.

Sec
a

A
acc

ave

P

In

d

si

ANNEXE N° 2

Circulaire du 19 août 1895.

Secours à donner aux personnes foudroyées par suite d'un contact accidentel avec des conducteurs électriques à courant continu.

ARTICLE PREMIER. — Toute personne foudroyée par suite d'un contact accidentel avec des conducteurs électriques devra toujours, *même dans le cas où elle présenterait les apparences de la mort*, recevoir avec la plus grande rapidité les soins indiqués ci-après :

PREMIER CAS. — *Tout contact a cessé entre le corps de la victime et les conducteurs électriques.*

ART. 2. — On appliquera immédiatement le traitement suivant :

Instruction sur les premiers soins à donner aux foudroyés, victimes des accidents électriques, rédigée par l'Académie de Médecine.

On transportera d'abord la victime dans un local aéré où on ne conservera qu'un petit nombre d'aides, trois ou quatre, toutes les autres personnes étant écartées.

On desserrera les vêtements et on s'efforcera, *le plus rapidement possible*, de rétablir la respiration et la circulation.

Pour rétablir la respiration, on peut avoir recours principalement aux moyens suivants : la traction rythmée de la langue et la respiration artificielle.

1° Méthode de la traction rythmée de la langue.

Ouvrir la bouche de la victime, et, si les dents sont serrées, les écarter, en forçant avec les doigts ou avec un corps résistant quelconque : morceau de bois, manche de couteau, dos de cuiller ou fourchette, extrémité d'une canne, etc.

Saisir solidement la partie antérieure de la langue entre le pouce et l'index de la main droite, nus ou revêtus d'un linge quelconque, d'un mouchoir de poche par exemple (pour empêcher le glissement), et exercer sur elle de fortes tractions répétées, successives, cadencées ou rythmées, suivies de relâchement ; en imitant les mouvements rythmés de la respiration elle-même au nombre d'au moins vingt par minute.

Les tractions linguales doivent être pratiquées sans retard et avec persistance durant une demi-heure, une heure et plus.

2° Méthode de la respiration artificielle.

Coucher la victime sur le dos, les épaules légèrement soulevées, la bouche ouverte, la langue bien dégagée.

Saisir les bras à la hauteur des coudes, les appuyer assez fortement sur les parois de la poitrine, puis les écarter et les porter au-dessus de la tête, en décrivant un arc de cercle ; les ramener ensuite à leur position primitive, en pressant sur les parois de la poitrine.

Répéter ces mouvements environ vingt fois par minute, en continuant jusqu'au rétablissement de la respiration naturelle.

Il conviendra de commencer toujours par la méthode de la traction de la langue, en appliquant en même temps, s'il est possible, la méthode de la respiration artificielle.

D'autre part, il conviendra concurremment de chercher à ramener la circulation en frictionnant la surface du corps, en flagellant le tronc avec les mains ou avec des serviettes mouillées, en jetant de temps en temps de l'eau froide sur la figure, en faisant respirer de l'ammoniaque ou du vinaigre.

Mesures d'ordre technique.

DEUXIÈME CAS. — La victime est encore en contact
avec des conducteurs électriques.

ART. 3. — Avant d'appliquer le traitement indiqué par l'Académie de Médecine, le sauveteur doit chercher à séparer le plus rapidement possible la victime des fils électriques, en évitant d'une manière absolue de toucher soit les fils, soit la victime avec les mains nues.

L'accident peut se produire avec l'une des circonstances suivantes :

A. Un fil est tombé sur le sol et touche la victime.

B. La victime est suspendue.

Selon l'une ou l'autre de ces circonstances, on opérera comme il est dit ci-après :

A. — Un fil est tombé sur le sol et touche la victime.

Écartement des fils. — Si le sauveteur peut, sans toucher la victime, écarter le fil à l'aide d'un bâton, d'une canne ou d'un outil quelconque *muni d'un manche en bois* (*a*), il le fera en ayant soin :

1° De ne toucher le fil qu'avec le bâton, la canne ou l'outil *muni d'un manche en bois* (*a*) ;

2° De faire en sorte que le fil, dans cette manœuvre, ne vienne pas toucher le visage ou d'autres parties nues du corps de la victime.

Si le sauveteur ne dispose pas immédiatement d'un bâton, d'une canne ou d'un outil muni d'un manche en bois (*a*), il devra, avant tout, commencer par se recouvrir les deux mains (*b*) soit de gants épais (*c*), soit d'étoffes sèches (*d*) d'une épaisseur suffisante (*b-d*). Cela fait, il écartera le fil.

Si, pour écarter le fil, il est nécessaire de toucher la victime, le sauveteur devra également, avant de rien faire, commencer par se recouvrir les deux mains comme il est dit au paragraphe précédent.

Pendant cette opération il devra :

1° Avoir soin que le fil ne revienne pas toucher le visage ou d'autres parties nues du corps de la victime ;

2° Toucher, autant que possible, la victime par des parties qui ne soient pas humides ou en état de moiteur, telles que les aisselles, les pieds, etc.

Après avoir délivré la victime, on s'empressera de débarrasser des fils la voie publique afin d'éviter de nouveaux accidents.

Déplacement de la victime. — S'il est plus facile de déplacer la victime que d'écarter le fil, on le fera en opérant avec les précautions qui viennent d'être indiquées tant pour le sauveteur (se recouvrir les deux

---

(*a*). Le bois est conseillé parce qu'il est mauvais conducteur de l'électrité et intervient comme corps isolant. Si le manche en bois renferme une tige centrale métallique, il est nécessaire que cette tige soit complètement enveloppée de bois et *n'apparaisse sur aucun point.*

(*b*). Souvent il suffira de retirer sa veste, son paletot, etc., de les mettre sens devant derrière, les mains restant à l'intérieur des manches, qui devront être tamponnées pour former une forte épaisseur entre la peau et le contact à faire. Si on a une blouse, on se l'enroulera autour de la main droite, et autour de la main gauche on enroulera un mouchoir, un gilet, etc.

(*c*). Gants en laine compacte, de préférence genre dit moufles, au besoin plusieurs paires de gants.

mains (*d*), ne pas prendre la victime par des parties humides), que pour la victime (éviter le contact du fil avec le visage, etc.).

Si la victime a les doigts crispés sur le fil, le sauveteur ouvrira de force la ou les mains de la victime, en écartant les doigts les uns après les autres et en opérant avec les mêmes précautions que ci-dessus.

B. — La victime est suspendue.

Prévoir sa chute et prendre à cet effet
les précautions convenables.

A l'aide d'une échelle ou de tout autre moyen, on tâchera de s'élever jusqu'à la victime et de la délivrer en prenant pour la toucher ou pour toucher les fils les précautions indiquées ci-dessus.

Cette opération est surtout urgente et doit être tentée par les moyens les plus rapides, *si la victime est en contact avec deux fils différents.*

Si elle est suspendue à un seul fil, le danger immédiat qu'elle court est moindre et l'on a plus de temps, ce qui permet d'opérer d'une façon plus sûre.

Quand on aura atteint la victime, on la suspendra par des cordes ou on l'accrochera par ses vêtements, et on la descendra en évitant qu'elle soit mise de nouveau en contact avec les fils.

Si on ne peut éviter la chute, on prendra les précautions nécessaires pour l'amortir et la rendre aussi inoffensive que possible au moyen de matelas, de bottes de paille, etc., étendus sur le sol.

Si on ne peut atteindre la victime et la dégager, prévenir l'usine le plus vite possible.

(*d*). *Renseignements sur la valeur isolante des étoffes et des vêtements :*
Etoffes. Les étoffes à employer doivent être bien sèches ; les plus convenables sont celles en laine ; la flanelle et les couvertures en laine sont particulièrement convenables.
Les étoffes en fil et en coton sont moins convenables, surtout en raison de leur faible épaisseur ; avec une épaisseur minimum de 5 millimètres on a toute garantie, même avec les étoffes les moins convenables.
Vêtements. Par analogie avec ce qui vient d'être dit, il faut prendre les draps en laine compacte de préférence et, dans le cas d'emploi de blouses en coton ou en toile, s'arranger pour avoir largement l'épaisseur minimum indiquée.

AVIS IMPORTANTS

Art. 4. — Dans aucun cas, le sauveteur ne doit toucher un fil sans s'être recouvert les deux mains comme il est expliqué à l'article 3.

Si des rails sont placés sur le sol, il doit éviter de les toucher même avec ses chaussures.

Alors même que les deux mains sont recouvertes, conformément aux prescriptions, le sauveteur *ne doit, en aucun cas, toucher simultanément deux fils différents et il s'abstiendra de toute manœuvre qui mettrait la victime en contact avec deux fils différents.*

Les personnes étrangères au service, à moins d'être très exercées au maniement des fils et appareils électriques et d'en connaître parfaitement toutes les causes de danger, ne doivent en aucun cas :

1° *Couper un ou plusieurs conducteurs électriques ;*

2° *Chercher à établir un court-circuit.*

Ces opérations ne peuvent être faites utilement et sans danger que par les personnes compétentes.

En se conformant exactement aux précautions indiquées ci-dessus, le sauveteur ne court aucun risque, quand bien même il ressentirait accidentellement quelques secousses.

ANNEXE N° 3

Loi du 25 juin 1895 concernant l'établissement des conducteurs d'énergie électrique.

RÉPUBLIQUE FRANÇAISE

MINISTÈRE DU COMMERCE, DE L'INDUSTRIE, DES POSTES ET DES TÉLÉGRAPHES

Le Ministre du Commerce, de l'Industrie, des Postes et des Télégraphes,

Vu la loi du 25 juin 1895 concernant l'établissement des conducteurs d'énergie électrique autres que les conducteurs télégraphiques et téléphoniques ;

Vu les avis émis par le Comité d'électricité dans ses séances des 6 février et 5 juin 1905,

ARRÊTE :

ARTICLE PREMIER.

L'établissement des conducteurs d'énergie électrique visés par la loi du 25 juin 1895 est soumis aux règles générales suivantes :

TITRE PREMIER

CLASSEMENT DES INSTALLATIONS EN DEUX CATÉGORIES

ART. 2.

Les installations dites de la première catégorie sont celles qui utilisent, pour les courants continus, des tensions égales ou inférieures à 600 volts, et, pour les courants alternatifs, des tensions efficaces égales ou inférieures à 150 volts.

Sont considérées comme installations de la première catégorie, les distributions à fils multiples dans lesquelles la mise à la terre permanente de l'un des fils assurera, à 600 volts pour les courants continus, et à 150 volts pour les courants alternatifs, le maximum de tension efficace pouvant exister entre les autres fils et la terre.

Les installations dites de la deuxième catégorie sont celles qui utilisent, pour les courants continus, des tensions supérieures à 600 volts, et, pour les courants alternatifs, des tensions efficaces supérieures à 150 volts.

TITRE II

PRESCRIPTIONS TECHNIQUES SPÉCIALES AUX CONDUCTEURS AÉRIENS

ART. 3.

Supports.

Les supports doivent présenter toutes les garanties de solidité nécessaires.

En particulier, les supports en bois doivent être prémunis contre les actions de l'humidité ou du sol.

Les appuis métalliques fixés sur la voie publique seront, dans le cas d'installations de la deuxième catégorie, pourvus d'une bonne communication avec le sol.

Dans le cas où les appuis seraient munis, pour leur protection contre la foudre, d'un fil de terre, ce fil devra être pourvu, sur une hauteur minimum de 3 mètres, à partir du sol, d'un dispositif le plaçant hors d'atteinte.

ART. 4.

Isolateurs.

La distance entre deux isolateurs consécutifs ne doit pas être supérieure à 100 mètres, sauf exception motivée.

L'emploi des isolateurs à huile ou à simple cloche est considéré comme insuffisant dans les installations de la deuxième catégorie.

ART. 5.

Conditions spéciales d'établissement des conducteurs aériens.

§ 1ᵉʳ. — *Résistance mécanique.*

Les conducteurs doivent avoir une résistance suffisante à la traction pour qu'il n'y ait aucun danger de rupture sous l'action des efforts qu'ils auront à supporter.

§ 2. — *Interdiction de l'accès des conducteurs au public.*

a.) Les conducteurs doivent être hors de la portée du public.

b.) Dans le cas de courants continus à tensions supérieures à 600 volts ou de courants alternatifs, le permissionnaire doit munir les supports, sur une hauteur de 50 centimètres, à partir de 2 mètres au-dessus du sol, de dispositions spéciales pour empêcher, autant que possible, le public d'atteindre les conducteurs.

En outre, sur les appuis d'angle, on prendra les dispositions nécessaires pour que le conducteur d'énergie électrique, au cas où il viendrait à abandonner l'isolateur, soit encore retenu et ne risque pas de traîner sur le sol.

Chaque support portera l'inscription « Dangereux » (en gros caractères), suivie des mots « Défense absolue de toucher aux fils, même tombés à terre ».

§ 3. — *Traversée des voies publiques.*

Dans le cas de courants continus à tensions supérieures à 600 volts ou de courants alternatifs, un dispositif de protection sera établi au-dessous des conducteurs d'énergie électrique, dans toute la partie correspondant à la traversée des voies publiques, rivières et canaux navigables, à moins que le permissionnaire n'ait fait agréer une disposition présentant des garanties de sécurité suffisantes ou rendant le conducteur inoffensif en cas de rupture.

La même précaution pourra être imposée dans tous les cas où la chute d'un conducteur serait susceptible de compromettre la sécurité de la circulation.

§ 4. — *Traversée des lieux habités.*

Dans la traversée des lieux habités, les conducteurs d'énergie électrique sont, en outre, soumis aux règles suivantes :

Les conducteurs de la canalisation principale doivent être placés à 1 mètre au moins des façades et, en tout cas, hors de la portée des habitants.

S'ils passent au-dessus d'un toit, ils doivent en être à une distance de 2 mètres au moins.

§ 5. — *Branchements particuliers.*

Les conducteurs formant branchement particulier doivent être protégés dans toutes les parties où ils sont à la portée des personnes.

Art. 6.
Voisinage des lignes télégraphiques ou téléphoniques appartenant à l'État.

§ 1er. Dans tous les cas, la distance entre les conducteurs d'énergie électrique et les fils télégraphiques ou téléphoniques appartenant à l'État doit être d'un mètre au moins.

§ 2. Lorsque les conducteurs d'énergie électrique parcourus par des courants de la deuxième catégorie suivront parallèlement une ligne télégraphique ou téléphonique, la distance à établir entre ces lignes devra toujours être fixée de manière qu'en aucun cas il ne puisse y avoir de contact accidentel.

Lorsque les conducteurs d'énergie seront fixés sur toute leur longueur cette distance pourra être réduite à 1 mètre, comme il est dit ci-dessus (§ 1er). Dans tous les autres cas, elle ne sera jamais inférieure à 2 mètres.

Les distances ci-dessus (§ 1 et 2) sont d'ailleurs indiquées sous les réserves spécifiées à l'article 7 de la loi du 25 juin 1895.

§ 3. Aux points de croisement et dans le cas de courants de la deuxième catégorie, tout contact éventuel entre les conducteurs d'énergie électrique et les fils télégraphiques préexistants sera prévenu à l'aide d'un dispositif mécanique de garde ou, à défaut, par une modification des lignes appartenant à l'État.

§ 4. L'Administration des Postes et des Télégraphes pourra établir, si elle le juge nécessaire, aux frais des permissionnaires, des coupe-circuits spéciaux sur les fils télégraphiques ou téléphoniques intéressés.

§ 5. Si l'Administration des Postes et des Télégraphes établit ultérieurement des lignes télégraphiques ou téléphoniques dans le voisinage des conducteurs d'énergie électrique, les frais résultant des mesures de précaution indiquées ci-dessus seront à sa charge, et le permissionnaire sera tenu d'exécuter les travaux qui lui seront indiqués.

<h3 style="text-align:center">Art. 7.</h3>

<h3 style="text-align:center">Isolement électrique de l'installation.</h3>

L'ensemble des conducteurs aériens de l'installation sera établi de manière à présenter un isolement kilométrique minimum de 5 mégohms s'il s'agit d'installations de la deuxième catégorie, ou de 1 mégohm s'il s'agit d'installations de la première catégorie.

Toutefois, dans l'appréciation de cette valeur minimum d'isolement, les agents contrôleurs devront tenir compte de l'ensemble des mesures périodiques qui doivent être réglementairement effectuées par les exploitants.

<h3 style="text-align:center">Art. 8.</h3>

<h3 style="text-align:center">Installations desservant plusieurs agglomérations.</h3>

Lorsqu'une station centrale de la deuxième catégorie desservira un certain nombre d'agglomérations distantes les unes des autres, il devra exister, entre chaque agglomération importante d'abonnés et la station centrale, un moyen de communication directe et indépendante, à moins que le permissionnaire n'ait fait agréer un dispositif interrompant automatiquement le courant en cas d'accident.

A l'entrée de chaque agglomération importante devront être disposés des appareils permettant de couper le circuit en cas d'accident.

TITRE III

PRESCRIPTIONS TECHNIQUES
SPÉCIALES AUX CONDUCTEURS SOUTERRAINS

ART. 9.

Conditions générales d'établissement
des conducteurs souterrains.

§ 1ᵉʳ. — *Protection mécanique.*

Les conducteurs d'énergie électrique souterrains doivent être protégés mécaniquement contre les avaries que pourraient leur occasionner le tassement des terres, le contact des corps durs ou le choc des outils en cas de fouille.

§ 2. — *Conducteurs électriques placés dans une conduite métallique.*

Dans tous les cas où les conducteurs d'énergie électrique sont placés dans une enveloppe ou conduite métallique, ils doivent être isolés avec le même soin que s'ils étaient placés directement dans le sol.

§ 3. — *Précautions contre l'introduction des eaux.*

Les conduites, quelle que soit leur nature, doivent être établies de manière à éviter l'introduction des eaux. En tout cas, des précautions doivent être prises pour assurer la prompte évacuation des eaux et le drainage des fouilles.

§ 4. — *Passage sur des ouvrages métalliques.*

Lorsque les câbles seront installés sur un ouvrage métallique, l'établissement de boîtes de coupure aux deux extrémités de l'ouvrage pourra être exigé, de manière à permettre de vérifier aisément si le tronçon ainsi constitué présente la résistance d'isolement prescrite par l'article 14 ci-après.

ART. 10.

Voisinage des conduites de gaz.

Lorsque dans le voisinage des conducteurs d'énergie électrique il existe des conduites de gaz et que ces conducteurs ne sont pas placés directement dans le sol, le permissionnaire doit prendre les mesures nécessaires pour assurer la ventilation régulière de la conduite renfermant les câbles électriques et éviter l'accumulation des gaz.

Art. 11.

Voisinage des conduites télégraphiques ou téléphoniques appartenant à l'État.

§ 1er. Lorsque les conducteurs d'énergie électrique suivent une direction commune avec une ligne télégraphique ou téléphonique appartenant à l'État, une distance d'au moins un mètre en projection horizontale doit exister entre ces conducteurs et la ligne télégraphique ou téléphonique, sous les réserves spécifiées à l'article 7 de la loi du 25 juin 1895.

§ 2. Aux points de croisement, les conducteurs d'énergie électrique doivent être placés à une distance minimum de 0 m. 50 des conduites télégraphiques ou téléphoniques, à moins que la canalisation ne présente en ces points les mêmes garanties, au point de vue de la sécurité publique, de l'induction et des dérivations, que les câbles concentriques ou cordés à enveloppe de plomb et armés.

Art. 12.

Regards.

Les regards établis par le permissionnaire ne doivent renfermer ni tuyaux d'eau, de gaz, d'air comprimé, etc., ni conducteurs d'électricité appartenant à un autre permissionnaire.

Les regards doivent être disposés de manière à pouvoir être ventilés.

Les plaques des regards doivent être convenablement isolées par rapport aux conducteurs d'énergie électrique.

Art. 13.

Branchements.

Les conducteurs d'énergie électrique formant branchements particuliers doivent être recouverts d'un isolant protégé mécaniquement d'une façon suffisante, soit par l'armature du câble conducteur, soit par des conduites en matière résistante et durable.

Art. 14.

Isolement électrique de l'installation.

Le réseau de conducteurs doit être disposé de telle manière qu'on puisse débrancher les canalisations privées et diviser en tronçons la canalisation principale.

La résistance absolue d'isolement de chaque tronçon, entre les conducteurs et la terre, exprimée en ohms, ne doit jamais être numériquement inférieure à cinq fois le carré de la plus grande différence de potentiel efficace entre les conducteurs exprimée en volts.

TITRE IV

PRESCRIPTIONS TECHNIQUES
SPÉCIALES A LA TRACTION ÉLECTRIQUE

ART. 15.

Voies.

La conductibilité de la voie devra être assurée dans les meilleures conditions possibles.

La perte de charge kilométrique le long de la voie ne devra pas dépasser 1 volt. Toutefois, dans certains cas particuliers, une perte de charge supérieure pourra être autorisée. Dans tous les cas, des précautions spéciales pourront, en outre, être prescrites en vue de protéger les lignes télégraphiques ou téléphoniques et les masses métalliques de toute nature contre l'action des courants de retour.

Lorsque la voie passera sur un ouvrage métallique, elle devra être, autant que possible, isolée électriquement du sol dans la traversée de l'ouvrage. Les connexions devront être établies de telle sorte que la chute du potentiel entre les deux extrémités de l'ouvrage ne dépasse pas, en marche normale, 0,25 volt. Des mesures spéciales pourront enfin être prescrites en vue d'atténuer la différence de potentiel entre la masse de l'ouvrage et le sol, toutes les fois que cela sera jugé nécessaire.

Les limites indiquées ci-dessus devront s'appliquer uniquement aux pertes de charges moyennes rapportées à la durée de marche effective.

ART. 16.

Conducteurs aériens.

Des dispositifs destinés à protéger mécaniquement les lignes télégraphiques ou téléphoniques contre les contacts avec les conducteurs aériens devront être établis à tous les points de croisement.

Art. 17.

Fils de suspension.

Les fils de suspension du conducteur de trolley devront être isolés avec soin de ce conducteur et de la terre.

Art. 18.

Cas de montage avec fil neutre.

L'emploi de deux fils de trolley ayant entre eux une différence de potentiel de 1.200 volts au plus et supportés par un même appui sera admis lorsque le montage de l'installation comportera l'emploi des voies de retour comme fil neutre.

Art. 19.

Disposition générale.

Sous réserve des prescriptions qui précèdent, toutes les dispositions des titres II et III du présent arrêté sont, en outre, applicables aux installations de traction électrique.

TITRE V

DISPOSITIONS COMMUNES

Art. 20.

Interdiction d'employer la terre.

Il est interdit d'employer la terre comme partie du circuit.

Art. 21.

Transformateurs.

Toutes les parties accessibles des transformateurs devront être mises soigneusement à la terre.

L'isolement entre chacun de leurs circuits, ainsi qu'entre le primaire et la terre, *devra toujours être suffisamment assuré.*

Les locaux dans lesquels seront installés les transformateurs seront maintenus clos. Des écriteaux très apparents seront apposés partout où besoin sera pour prévenir le public du danger d'y pénétrer.

Art. 22.

Voisinage des poudrières et poudreries.

Aucun conducteur d'énergie électrique ne peut être établi à moins de 20 mètres d'une poudrerie ou d'un magasin à poudre, à munitions ou à explosifs si ce conducteur est aérien, de 10 mètres si ce conducteur est souterrain.

Cette distance se compte à partir de la clôture qui entoure la poudrerie ou du mur d'enceinte spécial qui entoure le magasin. S'il n'existe pas de mur, on devra considérer comme limite dudit magasin :

1° Le pied du talus des massifs de terre recouvrant les locaux, si ceux-ci sont enterrés ;

2° Les points où émergent les gaines ou couloirs qui mettent les locaux en communication avec l'extérieur, si ceux-ci sont souterrains .

Art. 23.

Exceptions.

Les demandes relatives à des installations comportant des tensions égales ou supérieures à 10.000 volts, des dispositions techniques non prévues dans le présent arrêté ou des dérogations à cet arrêté, sont réservées à l'examen et à la décision de l'autorité supérieure.

Art. 24.

Responsabilité du permissionnaire.

Nonobstant l'observation des prescriptions du présent arrêté et de l'arrêté d'autorisation spécial à chaque installation, le permissionnaire reste seul responsable de tous dommages résultant de l'établissement, l'entretien ou l'exploitation de son installation.

F. Dubief.

Paris, le 3 juillet 1905.

ANNEXE N° 4

Décret du 16 juillet 1907 portant règlement d'administration publique pour l'exécution de l'article 38 de la loi du 11 juin 1880.

**Établissement et exploitation des voies ferrées
sur le sol des voies publiques.**

Le Président de la République française :

Sur le rapport du ministre des Travaux publics, des Postes et Télé-graphes,

Vu la loi du 15 juillet 1845 sur la police des chemins de fer ;

Vu la loi du 11 juin 1880, relative aux chemins de fer d'intérêt local et aux tramways, et notamment l'article 38 ainsi conçu :

« Un règlement d'administration publique déterminera les mesures nécessaires à l'exécution des dispositions qui précèdent et notamment :

« 1° Les conditions spéciales auxquelles doivent satisfaire, tant pour leur construction que pour la circulation des voitures et des trains, les voies ferrées dont l'établissement sur le sol des voies publiques aura été autorisé ;

« 2° Les rapports entre le service de ces voies ferrées et les autres services intéressés » ;

Vu le décret du 6 août 1881, portant règlement d'administration publique pour l'exécution de l'article 38 de ladite loi (établissement et exploitation des voies ferrées sur le sol des voies publiques) ;

Vu les décrets du 30 janvier 1894, du 3 août 1898, du 25 juillet 1899 et du 13 février 1900, modifiant le décret susvisé du 6 août 1881 ;

Vu l'avis du comité de l'exploitation technique des chemins de fer en date du 18 octobre 1904 ;

Vu l'avis du Conseil général des ponts et chaussées en date du 6 juillet 1905 ;

Le Conseil d'État entendu,

Décrète :

TITRE PREMIER

CONSTRUCTION

Projets d'exécution.

Article premier. — Aucun travail ne peut être entrepris pour l'établissement d'une voie ferrée sur le sol des voies publiques qu'avec l'autorisation de l'administration compétente, portant approbation des projets d'exécution.

Chaque projet d'exécution comprend l'extrait de carte, le plan général, le profil en long, les profils en travers types et les plans de traverses dont la production est exigée par l'article 2 du règlement d'administration publique du 18 mai 1881 — ces documents dressés dans la forme prescrite par l'article précité et dûment complétés ou rectifiés d'après les résultats de l'instruction à laquelle l'avant-projet a été soumis.

Le projet d'exécution comprend, en outre :

1° Des profils en travers à l'échelle de 5 millimètres pour mètre, relevés en nombre suffisant, principalement dans les traverses et dans les parties où les voies publiques empruntées n'ont pas la largeur et le profil normal ;

2° Un devis descriptif dans lequel sont reproduites, sous forme de tableau, les indications relatives aux déclivités et aux courbes déjà données sur le profil en long ;

3° Un mémoire dans lequel toutes les dispositions essentielles du projet sont justifiées.

Dans le cas où les travaux ne sont pas exécutés par le département, les projets d'exécution sont remis au préfet en deux expéditions.

L'une de ces expéditions est rendue au concessionnaire, ou à la commune si c'est elle qui exécute les travaux, revêtue de l'approbation qui aura été donnée, suivant les cas, soit par le ministre des Travaux publics, soit par le préfet, en se conformant à la décision de l'autorité compétente, et l'autre expédition demeure entre les mains du préfet.

Lorsque les travaux sont exécutés par le département ou la commune pour être remis ensuite à un exploitant, les projets sont communiqués à ce dernier avant toute approbation pour qu'il puisse fournir ses observations.

Les projets comprenant des déviations en dehors du sol des routes et chemins sont soumis à l'approbation du ministre des Travaux publics, pour ce qui concerne la grande voirie et les cours d'eau navigables et flottables, et ne peuvent être adoptés par l'autorité qui a donné la concession que sous la réserve des décisions prises ou à prendre par le ministre des Travaux publics sur les objets qui précèdent.

Avant comme pendant l'exécution, le concessionnaire aura la faculté de proposer aux projets approuvés les modifications qu'il jugerait utiles ; mais ces modifications ne pourront être exécutées qu'avec l'approbation de l'autorité qui a revêtu de sa sanction les dispositions à modifier.

De son côté, l'administration pourra ordonner d'office les modifications dont l'expérience ou les changements à opérer sur la voie publique feraient reconnaître la nécessité.

En aucun cas, ces modifications ne pourront donner lieu à indemnité.

Installations sur la voie publique.

Art. 2. — Les bureaux d'attente ou de contrôle ainsi que les installations de toute sorte qui peuvent être autorisées sur la voie publique pour le service de la voie ferrée, les égouts avec leurs bouches et regards, les conduites d'eau, de gaz et les canalisations électriques doivent être indiqués sur les plans présentés par le concessionnaire, ainsi que tout ce qui serait de nature à influer sur la position de la voie ferrée et sur le bon fonctionnement des divers services qui peuvent en être affectés.

Voies doubles et gares d'évitement.

Art. 3. — Le projet d'exécution indique le nombre des voies à établir sur les différentes sections des lignes concédées, ainsi que le nombre et la disposition des gares d'évitement.

Largeur de la voie. — Gabarit du matériel. — Entre-voie.

Art. 4. — La largeur de la voie est fixée pour chaque concession par le cahier des charges.

La largeur et la hauteur maxima des caisses des véhicules ainsi que de leurs chargements et la largeur extrême occupée par le matériel roulant, y compris toutes saillies, sont fixées par le cahier des charges.

Dans les parties à plusieurs voies, la largeur de chaque entre-voie est telle qu'il reste un intervalle libre d'au moins cinquante centimètres (0 m. 50) entre les parties les plus saillantes de deux véhicules qui se croisent.

Etablissement de la voie ferrée. — Largeur réservée
à la circulation publique.

Art. 5. — L'autorité qui a fait la concession détermine les sections de la ligne où la voie sera établie au niveau de la chaussée, avec rails noyés, en restant accessible et praticable pour les voitures ordinaires, et celles où elle sera placée sur un accotement praticable pour les piétons, mais interdit aux voitures ordinaires.

Le cahier des charges de chaque concession détermine les largeurs qui doivent être réservées pour la libre circulation sur la voie publique de telle façon que le croisement de deux voitures soit toujours assuré, l'une de ces deux voitures pouvant être le véhicule du tramway dans le premier des deux cas considérés ci-dessus.

Les dispositions prescrites doivent d'ailleurs assurer dans tous les cas la sécurité du piéton qui circule sur la voie publique et celle du riverain dont les bâtiments sont en façade sur cette voie.

Si l'emplacement occupé par la voie ferrée reste accessible et praticable pour les voitures ordinaires, les rails sont à gorge ou accompagnés de contre-rails ; la largeur des vides ou ornières ne peut excéder vingt-neuf millimètres (0 m. 029) dans les parties droites et trente-cinq

millimètres (0 m. 035) dans les parties courbes. Les voies ferrées son
posées au niveau de la chaussée, sans saillie ni dépression sur le profil
normal de celle-ci.

Toutefois, l'administration peut, à titre révocable, dispenser le concessionnaire de poser des rails à gorge ou des contre-rails sur tout ou
partie des voies publiques dont le sol est emprunté par la voie ferrée.

Parties de routes à modifier. — Traversées à niveau.
Accès des propriétés riveraines.

Art. 6. — Le concessionnaire fournit, sur les points qui lui sont
indiqués, des emplacements pour le dépôt des matériaux d'entretien
qui trouvaient place auparavant sur l'accotement occupé par la voie
ferrée.

Lorsque, pour maintenir la voie de fer dans les limites de courbure
et de déclivité fixées par le cahier des charges, ou pour maintenir le
fonctionnement des services intéressés (article 2), on doit faire subir
quelques modifications à l'état de la voie publique, le concessionnaire
exécute tous les travaux, soit à ses frais, soit avec le concours des
services intéressés, s'il y a lieu, conformément aux projets approuvés
par l'administration.

Il opère pareillement les élargissements qui sont indispensables afin
de restituer à la voie publique la largeur exigée en vertu de l'article
précédent.

Il doit maintenir l'accès à la voie publique des voitures ordinaires,
au droit des chemins publics et particuliers ainsi que des entrées
charretières qui seraient interceptées par la voie de fer. La traversée
des routes et des chemins publics ou particuliers est opérée à niveau,
sans que le rail forme saillie ou dépression sur la surface de ces chemins.

Le concessionnaire doit d'ailleurs prendre les dispositions nécessaires pour faciliter l'exécution des travaux qui sont prescrits ou autorisés par l'administration afin de créer de nouveaux accès, soit aux
chemins publics et particuliers, soit aux propriétés riveraines.

Déviations à construire en dehors du sol des routes
et chemins.

Art. 7. — Les déviations à construire en dehors du sol des routes
et chemins et à classer comme annexes sont établies conformément aux
dispositions arrêtées par l'autorité compétente.

Écoulement des eaux. — Rétablissement des communications.

Art. 8. — Le concessionnaire est tenu de rétablir et d'assurer à ses frais, pendant la durée de la concession, les écoulements d'eau qui seraient arrêtés, suspendus ou modifiés par ses travaux.

Il rétablit de même les communications publiques ou particulières que l'exécution de ses travaux l'oblige à modifier momentanément.

Exécution des travaux.

Art. 9. — La démolition des chaussées et l'ouverture des tranchées pour la pose et l'entretien de la voie ferrée sont effectuées avec célérité et avec toutes les précautions convenables.

Les chaussées doivent être remises dans le meilleur état.

Les travaux sont conduits de manière à ne pas compromettre la liberté et la sûreté de la circulation. Toute fouille restant ouverte sur le sol des voies publiques, ainsi que tout dépôt de matériaux, est éclairée et gardée au besoin pendant la nuit, jusqu'à ce que la voie publique soit débarrassée et rendue conforme au profil normal du projet.

Gares et stations.

Art. 10. — Le cahier des charges indique si le tramway devra s'arrêter en pleine voie pour prendre ou laisser des voyageurs, soit sur tous les points du parcours, soit en des points à déterminer par le préfet sur la proposition de la compagnie, ou si, au contraire, il ne s'arrêtera qu'à des gares, stations ou haltes désignées, ou si, enfin, les deux modes d'exploitation seront combinés.

Dans ces deux derniers cas, si les gares, stations et haltes n'ont pas été déterminées par le cahier des charges, elles le seront lors de l'approbation des projets définitifs par l'autorité compétente, sur la proposition du concessionnaire, après une enquête dans les formes prévues par le décret du 18 mai 1881.

Si, pendant l'exploitation, de nouvelles stations, gares ou haltes sont reconnues nécessaires d'accord entre l'autorité concédante et le concessionnaire, il sera procédé à une enquête spéciale dans les formes prescrites par le règlement d'administration publique du 18 mai 1881 et l'emplacement en sera définitivement arrêté par le préfet, le concessionnaire entendu.

Le nombre, l'étendue et l'emplacement des gares d'évitement seront déterminés par le préfet, le concessionnaire entendu ; si la sécurité l'exige, le préfet pourra, pendant le cours de l'exploitation, prescrire l'établissement de nouvelles gares d'évitement ainsi que l'augmentation des voies dans les stations et aux abords des stations.

Le concessionnaire est tenu, préalablement à tout commencement d'exécution, de soumettre au préfet le projet des **gares, stations ou haltes**, lequel se compose :

1° D'un plan à l'échelle de 1/500° indiquant les voies, les quais, les bâtiments et leur distribution intérieure, ainsi que la disposition de leurs abords ;

2° D'une élévation des bâtiments à l'échelle d'un centimètre par mètre ;

3° D'un mémoire descriptif dans lequel les dispositions essentielles du projet sont justifiées.

Indemnités de terrains et de dommages.

ART. 11. — Tous les terrains nécessaires pour l'établissement de la voie ferrée et de ses dépendances en dehors du sol des routes et chemins pour la déviation des voies de communication et des cours d'eau déplacés et, en général pour l'exécution des travaux quels qu'ils soient, auxquels cet établissement peut donner lieu, sont achetés et payés par le concessionnaire, à moins que l'autorité qui fait la concession n'ait pris l'engagement de fournir elle-même les terrains.

Les indemnités pour occupation temporaire ou pour détérioration de terrains, pour chômage, modification ou destruction d'usines et pour tous dommages quelconques résultant des travaux sont supportées et payées par le concessionnaire.

Droits conférés aux concesionnaires.

Art. 12. — L'entreprise étant d'utilité publique, le concessionnaire est investi, pour l'exécution des travaux dépendant de sa concession, de tous les droits que les lois et règlements confèrent à l'administration en matière des travaux publics, soit pour l'acquisition des terrains par voie d'expropriation, soit pour l'extraction, le transport ou le dépôt des terres, matériaux, etc., et il demeure en même temps soumis à toutes les obligations qui dérivent, pour l'administration, de ces lois et règlements.

Servitudes militaires.

Art. 13. — Dans les limites de la zone frontière et dans le rayon des servitudes des enceintes fortifiées, le concessionnaire est tenu, pour l'étude et l'exécution de ses projets, de se soumettre à l'accomplissement de toutes les formalités et de toutes les conditions exigées par les lois, décrets et règlements concernant les travaux mixtes.

Mines.

Art. 14. — Si la voie ferrée traverse un sol déjà concédé pour l'exploitation d'une mine, le ministre des Travaux publics détermine les mesures à prendre pour que l'établissement de cette voie ne nuise pas à l'exploitation de la mine et, réciproquement, pour que, le cas échéant, l'exploitation de la mine ne compromette pas l'existence de la voie ferrée.

Les travaux de consolidation à faire dans l'intérieur de la mine, en raison de la traversée de la voie ferrée, et tous les dommages résultant de cette traversée pour les concessionnaires de la mine, sont à la charge du concessionnaire de la voie ferrée.

Carrières.

Art. 15. — Si la voie ferrée s'étend sur des terrains renfermant des carrières ou les traverses souterrainement, elle ne peut être livrée à la circulation avant que les excavations qui pourraient en compromettre la solidité aient été remblayées ou consolidées.

Le ministre des Travaux publics détermine la nature et l'étendue des travaux qu'il convient d'entreprendre à cet effet, et qui sont d'ailleurs exécutés par les soins et aux frais du concessionnaire.

Contrôle et surveillance des travaux.

Art. 16. — Les travaux sont soumis au contrôle et à la surveillance du préfet, sous l'autorité du ministre des Travaux publics.

Ce contrôle et cette surveillance ont pour objet d'empêcher le concessionnaire de s'écarter des dispositions prescrites par le présent règlement et de celles qui résultent soit des cahiers des charges, soit des objets approuvés.

Réception des travaux.

Art. 17. — A mesure que les travaux sont terminés sur des parties de voie ferrée susceptibles d'être livrées utilement à la circulation, il est procédé à la reconnaissance et, s'il y a lieu, à la réception provisoire de ces travaux par un ou plusieurs commissaires que le préfet désigne.

Sur le vu du procès-verbal de cette reconnaisssance, le préfet autorise, s'il y a lieu, la mise en exploitation des parties dont il s'agit ; après cette autorisation, le concessionnaire peut mettre lesdites parties en service et y percevoir les taxes déterminées par le cahier des charges. Toutefois, ces réceptions partielles ne deviennent définitives que par la réception générale de la voie ferrée, laquelle est faite dans la même forme que les réceptions partielles.

Bornage et plan cadastral des parties en déviation.

Art. 18. — Immédiatement après l'achèvement des travaux et au plus tard six mois après la mise en exploitation de la ligne ou de chaque section, le concessionnaire doit faire faire à ses frais un bornage contradictoire avec chaque propriétaire riverain, en présence du préfet ou de son représentant, ainsi qu'un plan cadastral des parties de la voie ferrée et de ses dépendances qui sont situées en dehors du sol des routes et chemins. Il fait dresser, également à ses frais et contradictoirement avec les agents désignés par le préfet, un état descriptif de tous les ouvrages d'art qui ont été exécutés, ledit état accompagné d'un atlas contenant les dessins cotés de tous les ouvrages.

Une expédition dûment certifiée des procès-verbaux de bornage, du plan cadastral, de l'état descriptif et de l'atlas est dressée aux frais du concessionnaire et déposée dans les archives de la préfecture.

Les terrains acquis par le concessionnaire postérieurement au bornage général, en vue de satisfaire aux besoins de l'exploitation, et qui, par cela même, deviennent partie intégrante de la voie ferrée donnent lieu, au fur et à mesure de leur acquisition, à des bornages supplémentaires et sont ajoutés au plan cadastral ; addition est également faite sur l'atlas de tous les ouvrages d'art exécutés postérieurement à sa rédaction.

TITRE II

ENTRETIEN ET POLICE DES GARES ET DE LA VOIE

Police des gares.

Art. 19. — Les mesures de police destinées à assurer le bon ordre dans les gares et leurs dépendances sont réglées par des arrêtés du préfet.

Entretien de la voie ferrée et de ses dépendances.

Art. 20. — La voie ferrée et tout le matériel qui en dépend doivent être constamment entretenus en bon état, de manière que la circulation y soit toujours facile et sûre.

Les frais d'entretien et ceux auxquels donnent lieu les réparations ordinaires et extraordinaires de la voie ferrée sont à la charge du concessionnaire.

Sur les sections à rails noyés où la voie ferrée est accessible aux voitures ordinaires, l'entretien du pavage ou de l'empierrement de la surface affectée à la circulation du tramway est réglé, pour chaque concession, par le cahier des charges, qui indique le service chargé d'exécuter cet entretien, ainsi que la répartition des dépenses.

Sur les sections où la voie ferrée n'est pas accessible aux voitures ordinaires, l'entretien qui est à la charge du concessionnaire comprend la surface entière des voies augmentées, s'il y a lieu, d'une zone déterminée par le cahier des charges.

Si la voie ferrée et les parties de la voie publique dont l'entretien est confié au concessionnaire ne sont pas constamment entretenues en bon état, il y est pourvu d'office à la diligence du préfet et aux frais du concessionnaire, sans préjudice, s'il y a lieu, de l'application des dispositions indiquées ci-après dans l'article 63.

Le montant des avances faites est recouvré au moyen d'états que le préfet rend exécutoires.

Sécurité de la circulation.

ART. 21. — Le concessionnaire est tenu de prendre à ses frais, partout où la nécessité en aura été reconnue par le préfet, sur l'avis du service du contrôle et eu égard au mode d'exploitation employé, les mesures nécessaires pour assurer la liberté et la sécurité du passage des voitures et des trains sur la voie ferrée et celle de la circulation ordinaire sur les routes et chemins que suit ou traverse la voie ferrée.

Le préfet détermine, sur l'avis du service du contrôle et le concessionnaire entendu, les mesures à prendre pour assurer la sécurité sur les points de croisement ou de bifurcation des voies de tramways.

Éclairage des gares et bureaux d'attente.

ART. 22. — Les gares, stations, haltes et bureaux d'attente auxquels est attaché un personnel permanent doivent être éclairés la nuit pendant la durée du service.

Le préfet peut prescrire l'éclairage, pendant la même durée, des abris et bureaux d'attente auxquels n'est attaché aucun personnel permanent, lorsque des circonstances spéciales l'exigent.

TITRE III

DU MATÉRIEL EMPLOYÉ A L'EXPLOITATION

Construction du matériel.

ART. 23. — La traction est opérée conformément aux clauses de la concession.

Les machines, les tenders et les véhicules de toute espèce entrant dans la composition des trains sont construits suivant les meilleurs modèles avec des matériaux de première qualité, conformément aux types acceptés par le préfet sur la proposition du service du contrôle ; ils doivent remplir les conditions nécessaires à la sécurité du public et des agents.

Le concessionnaire doit fournir à l'administration les plans, dessins et tous documents utiles à l'appréciation des types proposés par lui.

Le préfet détermine, le concessionnaire entendu, les conditions auxquelles le matériel n'appartenant pas à la compagnie exploitante devra satisfaire pour être admis à circuler sur le réseau de cette compagnie.

États de service des machines et des essieux.

ART. 24. — Il est tenu des états de service pour toutes les machines. Ces états sont inscrits sur des registres qui doivent être constamment à jour et indiquer, pour chaque machine, la date de sa mise en service, le travail qu'elle a accompli, les réparations ou modifications qu'elle a reçues et le renouvellement de ces diverses pièces.

Il est tenu, en outre, pour les essieux de machines, des états spéciaux sur lesquels, à côté du numéro d'ordre de chaque essieu, sont inscrits : sa provenance, la date de sa mise en service, l'épreuve qu'il peut avoir subie, son travail, ses accidents et ses réparations.

Les registres mentionnés aux deux paragraphes ci-dessus sont présentés à toute réquisition aux ingénieurs et agents chargés de la surveillance du matériel et de l'exploitation.

Les essieux des véhicules de toute espèce portent une marque au poinçon, faisant connaître la provenance et la date de la fourniture.

Machines et tenders.

ART. 25. — Les moyens de freinage des machines et tenders doivent être assez puissants pour que, lancés avec une vitesse de vingt kilomètres (20 k.) à l'heure, sur des rails secs et propres et sur une voie en palier, ces véhicules puissent être arrêtés sur un espace de vingt mètres (20 m.) au plus, à partir du moment où le serrage est ordonné.

Une sablière ou tout autre dispositif agréé par le préfet, sur la proposition du service du contrôle, pour augmenter, en cas de besoin, l'adhérence des roues motrices sur les rails, doit être à la disposition du mécanicien et constamment entretenue en bon état de fonctionnement.

La machine ou le tender doit être muni d'un frein pouvant être manœuvré à la main.

Les machines ne doivent dégager aucune odeur et ne doivent répandre, sur la voie publique, ni flammèches, ni escarbilles, ni cendres, ni fumée, ni eau, ni huile, ni graisse, le concessionnaire étant expressément responsable de tout incendie causé par l'emploi de machines, soit sur la voie publique, soit dans les propriétés riveraines.

Mise en service des machines.

ART. 26. — Aucune machine ne peut être mise en service qu'en vertu d'une autorisation délivrée par le service du contrôle, après avoir été soumise à toutes les épreuves prescrites par les règlements en vigueur et après vérification de l'efficacité des moyens de freinage.

Voitures à voyageurs.

ART. 27. — Les voitures à voyageurs doivent être commodes et présenter les dispositions nécessaires pour assurer la sécurité des voyageurs.

Les dimensions minima de la place affectée à chaque voyageur assis devront être, sauf dérogations autorisées par le préfet, au moins de quarante-cinq centimètres (0 m. 45) en largeur, soixante-cinq centimètres (0 m. 65) en profondeur et un mètre soixante-cinq (1 m. 65) en hauteur. Le préfet détermine, le concessionnaire entendu, et sur l'avis du service du contrôle, le nombre maximum des voyageurs debout qui peuvent être admis dans les voitures.

Le nombre des places est indiqué en chiffres apparents, dans chaque compartiment.

Les voitures de voyageurs sont suspendues sur ressorts. Elles peuvent être à deux étages, lorsque la largeur de la voie n'est pas inférieure à 1 mètre.

L'étage inférieur est complètement couvert, garni de banquettes avec dossiers, fermé à glaces au moins pendant l'hiver, muni de rideaux et éclairé pendant la nuit ; l'étage supérieur est garni de banquettes avec dossiers; on y accède au moyen d'escaliers qui sont accompagnés, ainsi que les couloirs latéraux donnant accès aux places, de garde-corps solides d'au moins un mètre dix centimètre (1 m. 10) de hauteur effective.

Cependant des voitures à un seul étage, non munies de glaces, pourront, avec l'autorisation du préfet, être utilisées, même en hiver, comme voitures de remorque.

Sur les voies ferrées où la traction est opérée au moyen de moteurs mécaniques, l'étage supérieur est couvert et protégé par des cloisons à l'avant et à l'arrière.

Les dossiers et les banquettes doivent être inclinés et les dossiers sont élevés à la hauteur des épaules des voyageurs.

Il peut y avoir des places de plusieurs classes; la disposition particulière des places de chaque classe est conforme aux prescriptions arrêtées par le préfet.

Les accès des voitures à traction mécanique doivent être pourvus de systèmes de fermeture faciles à manœuvrer et de nature à protéger les voyageurs occupant les places debout contre les dangers de chute.

Chaque voiture sans exception est munie de freins. Ces freins doivent être assez puissants pour que, en joignant leur action à celle des moyens de freinage de la machine, les trains lancés à une vitesse de 20 kilomètres (20 k.) à l'heure, sur des rails secs et propres et sur une voie en palier, puissent être arrêtés sur un espace de 20 mètres (20 m.) au plus, à partir du moment où le serrage est ordonné.

Mise en service des voitures.

ART. 28. — Aucune voiture pour les voyageurs ne peut être mise en service sans une autorisation délivrée par le préfet, sur la proposition du service du contrôle, après qu'il aura été constaté que la voiture satisfait aux conditions exigées par le présent décret.

Marques extérieures des véhicules.

ART. 29. — Les machines, les tenders et les véhicules de toute espèce doivent porter à l'extérieur :

1° La désignation, en toutes lettres ou par des initiales, de la ligne, du réseau ou de la compagnie auxquels ils appartiennent;

2° Un numéro d'ordre.

Les voitures à voyageurs doivent porter, en outre, l'indication de la classe de chaque compartiment.

Entretien du matériel roulant.

ART. 30. — Le matériel roulant et tout le matériel servant à l'exploitation sont constamment maintenus dans un bon état d'entretien et de propreté.

Si le matériel dont il s'agit n'est pas entretenu en bon état, il y est pourvu d'office à la diligence du préfet et aux frais du concessionnaire, sans préjudice, s'il y a lieu, des dispositions indiquées ci-après dans l'article 63.

Le montant des dépenses faites est recouvré au moyen d'états que le préfet rend exécutoires.

Le préfet peut, sur l'avis du service du contrôle et le concessionnaire entendu, interdire la circulation des machines, tenders et autres véhicules qui ne se trouveraient pas dans des conditions suffisantes pour assurer la sécurité de l'exploitation.

TITRE IV

DE LA COMPOSITION DES TRAINS

Longueur et freinage des trains.

ART. 31. — Sur les lignes de tramways à traction mécanique, le maximum de la longueur des trains est fixé par le cahier des charges.

Dans les limites ainsi fixées, tout convoi ordinaire de voyageurs doit contenir, en nombre suffisant, des compartiments de chaque classe, à moins d'une autorisation spéciale du préfet.

Les machines et les voitures entrant dans la composition de tous les trains sont liées entre elles par des attaches rigides avec ressorts.

Indépendamment des prescriptions contenues aux articles 25 et 27 ci-dessus, des conditions spéciales de freinage devront être imposées par le préfet pour les trains de voyageurs, quand la sécurité l'exigera.

Les conditions de freinage des trains de marchandises ou mixtes sont fixées par le préfet, sur avis du service du contrôle.

Le préfet, après avis du service du contrôle et le concessionnaire entendu, peut prescrire l'emploi de freins continus et même automatiques.

Personnel des trains des tramways à traction mécanique.

ART. 32. — Chaque machine à feu est conduite par un mécanicien et un aide. Il en est de même pour les autres moteurs lorsque le train comporte plus de deux véhicules.

Le mécanicien doit être agréé par le préfet sur le rapport du service du contrôle ; l'aide doit être capable d'arrêter la machine en cas de besoin.

Chaque train est accompagné, en outre, du nombre de conducteurs ou de gardes-freins qui sera fixé par le préfet sur l'avis du service du contrôle. Sauf exceptions autorisées par le ministre des Travaux publics, il y a sur la dernière voiture un conducteur qui est mis en communication avec le mécanicien.

Lorsqu'il y a plusieurs conducteurs dans un train, l'un d'eux doit avoir autorité sur les autres.

Pour les voitures automotrices isolées, pour les trains de plusieurs véhicules dont le moteur n'est pas une machine à feu ou pour ceux qui ont pour moteur une machine à feu et dont tous les véhicules sont munis de freins continus, le ministre des Travaux publics peut autoriser la conduite de la machine par un seul agent, sous la réserve que le conducteur chef du train ou toute personne en faisant fonctions puisse toujours accéder à la machine et soit en état de l'arrêter en cas de besoin.

Semblable autorisation peut être donnée pour les trains de plusieurs véhicules dont le moteur n'est pas une machine à feu.

Machines et voitures automotrices.

Art. 33. — Les machines sont placées en tête des trains. Il ne peut être dérogé à cette disposition que pour les manœuvres à exécuter dans les stations ou pour le cas de secours ; dans ces cas spéciaux, la vitesse ne doit pas dépasser 5 kilomètres (5 k.) à l'heure.

Les trains sont remorqués par une seule machine, sauf en cas d'accident. Toutefois le préfet pourra, sur la proposition du service du contrôle, autoriser la double traction, soit à la montée des rampes de forte inclinaison, soit en raison de circonstances spéciales.

Il est, dans tous les cas, interdit d'atteler simultanément plus de deux machines à un train.

Ces prescriptions ne sont pas applicables aux trains comportant des voitures automotrices avec moteurs électriques ou autres ; la composition de ces trains et la vitesse qui ne pourra être dépassée par les trains comportant une composition exceptionnelle devront être approuvées par le préfet, sur la proposition du service du contrôle.

Transport des matières dangereuses ou infectes.

ART. 34. — Il est interdit d'admettre dans les convois qui portent des voyageurs aucune matière pouvant donner lieu soit à des explosions, soit à des incendies, soit à des émanations infectes, sauf les exceptions autorisées par le ministre des Travaux publics.

La nomenclature et le classement des marchandises auxquelles est applicable le présent article sont déterminés par le ministre, et les conditions de leur transport sont réglées par le préfet, sur l'avis du service du contrôle, la compagnie entendue.

Intercommunications.

ART. 35. — Dans les tramways à service de voyageurs, le cocher ou le mécanicien doit se trouver en communication, au moyen d'un signal d'arrêt, soit avec le receveur ou l'employé qui fait le service de chaque voiture, soit avec les voyageurs.

Éclairage extérieur des voitures ou des trains.

ART. 36. — Toute voiture isolée ou tout train porte extérieurement un feu blanc à l'avant et un feu rouge à l'arrière. Les fanaux sont à réflecteurs.

Les feux doivent être allumés dès la chute du jour jusqu'à la cessation du service et de la reprise du service jusqu'au lever du jour.

Ils doivent être également allumés pendant le jour, en cas de brouillard.

Éclairage et chauffage des voitures à voyageurs.

ART. 37. — Les voitures destinées aux voyageurs devront être éclairées intérieurement ; l'étage supérieur devra l'être également, lorsqu'il sera couvert et abrité, si le préfet le requiert.

Ces voitures devront être chauffées, si le préfet le requiert, pendant la période fixée par lui, sur la proposition du service du contrôle.

TITRE V

DU DÉPART, DE LA CIRCULATION ET DE L'ARRIVÉE DES TRAINS

Du départ des trains.

ART. 38. — Avant le départ du train, le mécanicien s'assure si toutes les parties de la machine sont en bon état, et particulièrement si les moyens de freinage dont il dispose fonctionnent convenablement. En ce qui concerne les voitures et leurs freins, la même vérification sera faite dans les conditions déterminées par le règlement homologué de la compagnie.

Le mécanicien ne doit mettre le train en marche que lorsque le conducteur chef du train lui a donné le signal du départ.

Service des trains en marche.

ART. 39. — En marche, le cocher ou le mécanicien doit porter son attention sur l'état de la voie, sur l'approche des voitures ordinaires ou des troupeaux, et ralentir ou même arrêter en cas d'obstacles, suivant les circonstances ; il doit se conformer aux signaux qui lui sont faits par les gardiens et ouvriers de la voie.

Il signale l'approche du train au moyen d'un appareil sonore, du type déterminé par le ministre des Travaux publics pour chaque catégorie de tramways.

Il doit ralentir ou même arrêter la marche toutes les fois que l'arrivée d'un train effrayant les chevaux ou autres animaux pourrait être la cause de désordres et occasionner des accidents, ou en cas d'encombrement.

Aucune personne autre que le mécanicien et son aide ne peut monter sur la plate-forme d'une machine à feu, à moins d'une permission spéciale et écrite du directeur de l'exploitation de la voie ferrée. Sont exceptés de cette interdiction les fonctionnaires chargés de la surveillance.

Ateliers de réparations de la voie.

ART. 40. — Lorsqu'un atelier de réparation est établi sur une voie, des signaux doivent indiquer si l'état de la voie ne permet pas le passage des voitures ou des trains, ou s'il suffit d'en ralentir la marche.

Arrêts en dehors des gares.

ART. 41. — Les trains ne peuvent stationner en dehors des gares que durant le temps strictement nécessaire pour les besoins du service.

Le préfet peut autoriser, sur la demande du concessionnaire et sur la proposition du service du contrôle, l'arrêt de certains trains pendant le temps déterminé par l'horaire pour prendre ou laisser des voyageurs ou des marchandises sur des points de la voie ferrée situés en dehors des gares, stations ou haltes ; il détermine les dispositions à prendre pour faire connaître ces points d'arrêt au public.

Cette autorisation ne peut être donnée qu'à titre précaire et révocable, si ce service n'est pas prévu par le cahier des charges.

Les locomotives ou les voitures isolées ne peuvent être garées sur les voies affectées à la circulation des trains.

Il est expressément interdit d'effectuer le nettoyage des grilles sur la voie publique.

Secours en cas d'accidents.

Art. 42. — Des machines de réserve et des wagons de secours munis de tous les agrès et outils nécessaires en cas d'accident doivent être entretenus constamment prêts à partir, aux points désignés par le préfet, si celui-ci le prescrit, après avis du service du contrôle.

Chaque train doit d'ailleurs être muni des outils les plus indispensables.

Aux stations ou bureaux de contrôle et d'attente désignés par le préfet, le concessionnaire entretiendra les médicaments et moyens de secours nécessaires en cas d'accident.

Marche des trains.

Art. 43. — Le préfet détermine, sur la proposition du concessionnaire et l'avis du service du contrôle, le maximum de la vitesse des convois de voyageurs et de marchandises sur les différentes sections de la ligne, ainsi que le tableau du service des trains. Il détermine dans les mêmes conditions la vitesse maximum à la traversée des lieux habités.

Des affiches placées dans les stations et dans les bureaux d'attente et de contrôle font connaître au public les heures de départ des convois ordinaires, les stations qu'ils doivent desservir, les heures auxquelles ils doivent arriver à ces stations et en partir ou, pour les trains qui se suivent normalement à intervalles réguliers de quinze minutes au plus, les heures du premier et du dernier train et la durée de l'intervalle entre les trains.

Si l'exploitation de la ligne comporte des arrêts en pleine voie, afin de prendre ou de laisser soit des voyageurs, soit des marchandises, ces affiches font connaître cette circonstance, sans indiquer les heures de passage à ces arrêts.

Quand les conditions d'établissement des lignes le permettent, le concessionnaire peut être tenu, si le préfet le prescrit, de prendre les mesures nécessaires pour que toute interruption de service ou tout retard excédant les limites déterminées par le préfet soit aussitôt que possible porté à la connaissance du public dans les gares et stations pourvues d'un personnel permanent.

TITRE IV

DE LA PERCEPTION DES TAXES ET DES FRAIS ACCESSOIRES

Perception des taxes.

ART. 44. — Aucune taxe, de quelque nature qu'elle soit, ne peut être perçue par la compagnie qu'en vertu d'une homologation du ministre des Travaux publics ou du préfet, suivant les cas.

Les taxes actuellement perçues et qui ne seraient pas homologuées devront être régularisées dans l'année qui suivra la promulgation du présent décret.

Propositions des compagnies.

ART. 45. — Pour l'exécution de l'article qui précède, la compagnie doit dresser un tableau des prix qu'elle a l'intention de percevoir, dans la limite du maximum autorisé par le cahier des charges, pour le transport des voyageurs, des bestiaux, marchandises et objets divers, et en transmettre en même temps des expéditions aux préfets des départements traversés par le tramway, au service du contrôle et au ministre des Travaux publics, si c'est à lui qu'il appartient de statuer.

Tarif exceptionnel.

ART. 46. — La compagnie doit, en outre, dans le plus court délai et dans les formes énoncées en l'article précédent, soumettre ses propositions au ministre des Travaux publics ou au préfet pour les prix de transport non déterminés par le cahier des charges et à l'égard desquels le ministre ou le préfet est appelé à statuer.

Frais accessoires.

ART. 47. — Quant aux frais accessoires, tels que ceux de chargement, de déchargement et d'entrepôt dans les gares et magasins du tramway et quant à toutes les taxes qui doivent être réglées annuellement, la compagnie doit en soumettre le règlement à l'approbation du ministre des Travaux publics ou du préfet, dans le dixième mois de chaque année. Jusqu'à décision, les anciens tarifs continueront à être perçus.

Affichage des tarifs.

ART. 48. — Les tableaux des taxes et des frais accessoires approuvés sont constamment affichés dans les lieux les plus apparents des gares, stations et bureaux d'attente.

Lorsque les tarifs ne peuvent pas être affichés dans toute leur étendue, ils sont tenus à la disposition du public qui en est informé par des affiches apposées comme ci-dessus.

Modification des tarifs.

ART. 49. — Lorsque la compagnie veut apporter quelques changements aux prix autorisés, elle en donne avis au préfet du département, aux services de contrôle et au ministre des Travaux publics.

Le public est en même temps informé, dans les formes prévues à l'article précédent, des changements proposés.

A l'expiration du mois à partir de la date de l'affiche, lesdites taxes peuvent être perçues si, dans cet intervalle, le ministre des Travaux publics ou le préfet les a homologuées.

Si l'homologation est subordonnée à la modification de quelques-uns des prix affichés ou des conditions mises à leur application, les prix ou les conditions modifiés doivent être affichés de nouveau et les tarifs ne peuvent être mis en perception qu'un mois après la date de ces affiches.

Ordre des expéditions.

ART. 50. — La compagnie est tenue d'effectuer avec soin, exactitude et célérité, et sans tour de faveur, les transports des marchandises, bestiaux et objets de toute nature qui lui sont confiés.

Au fur et à mesure que des colis, des bestiaux ou des objets quelconques arrivent aux stations, enregistrement en est fait immédiatement, avec mention du prix total dû pour le transport. Le transport s'effectue dans l'ordre des inscriptions, à moins de délais demandés ou consentis par l'expéditeur, et qui sont mentionnés dans l'enregistrement.

Un récépissé doit être délivré à l'expéditeur, s'il le demande, sans préjudice, s'il y a lieu, de la lettre de voiture. Le récépissé énonce la nature et le poids des colis, le prix total du transport et le délai dans lequel ce transport doit être effectué.

Les registres mentionnés au présent article sont représentés à toute réquisition des fonctionnaires et agents chargés de veiller à l'exécution du présent règlement.

TITRE VII

POLICE ET SURVEILLANCE

Organisation du contrôle de l'exploitation.

Art. 51. — Les agents chargés du contrôle et de la surveillance prévus par 21 de la loi du 11 juin 1880 sont nommés par le préfet, sous l'autorité du ministre des Travaux publics qui fixe, par arrêté, les conditions de capacité que doivent remplir ces agents.

Attributions du service du contrôle.

Art. 52. — Les agents du contrôle ont notamment pour mission :
1° En ce qui concerne l'exploitation commerciale :
De veiller à ce que le concessionnaire ne perçoive aucune taxe de quelque nature qu'elle soit, en dehors de celles qui sont régulièrement homologuées par le ministre des Travaux publics ou par le préfet ;
De surveiller le mode d'application des tarifs approuvés et l'exécution des mesures prescrites pour la réception et l'enregistrement des colis, leur transport et leur remise aux destinataires ;
De veiller à l'exécution des mesures prescrites pour que le service des transports ne soit pas interrompu aux points extrêmes de lignes en communication l'une avec l'autre ;
De vérifier les conditions des traités qui seraient passés par les compagnies avec les entreprises de transports par terre ou par eau, en correspondance avec la voie ferrée, et de signaler toutes les infractions au principe de l'égalité des taxes ;
De constater le mouvement de la circulation des voyageurs et des marchandises, les dépenses d'entretien et d'exploitation et les recettes ;
2° En ce qui concerne l'exploitation technique :
De vérifier l'état de la voie de fer, des terrassements, des ouvrages d'art, du matériel roulant et des installations faites par le concessionnaire pour la production et la transmission de l'énergie ;
De veiller à l'exécution des règlements relatifs à la police et à la sûreté de la circulation ;
3° En ce qui concerne la police :
De surveiller la composition, le départ, l'arrivée, la marche et le stationnement des trains, la propreté des voitures à voyageurs et des locaux affectés au public, l'entrée, le stationnement et la circulation des

voitures dans les cours et stations, l'admission du public dans les gares et sur les quais de la voie ferrée.

De veiller à l'observation, tant par le public que par le concessionnaire, de ceux des règlements relatifs aux voies publiques empruntées par la voie ferrée qui intéressent le service de celle-ci.

Documents à communiquer au contrôle.

ART. 53. — Les concessionnaires sont tenus de présenter à toute réquisition, aux directeurs des services de contrôle où à leurs délégués, leurs registres de recettes, leur circulaires et ordres de service relatifs à l'exploitation de la voie ferrée, les traités qu'ils ont passés avec d'autres entreprises de transport pour l'organisation du service public et en général tous les documents nécessaires à l'exécution de la mission confiée au service du contrôle.

Bureaux des agents du contrôle.

ART. 54. — Les concessionnaires sont tenus de fournir des locaux convenables pour ceux des agents du service du contrôle dont la présence permanente sur la ligne serait nécessaire.

Accidents.

ART. 55. — Toutes les fois qu'il arrive un accident sur la voie ferrée, il en est fait immédiatement déclaration, par le concessionnaire ou ses agents, à l'agent du contrôle dont le poste est le plus voisin.

Lorsque l'accident aura une certaine gravité, le concessionnaire avisera, en outre, par la voie la plus rapide, le préfet, le directeur et les ingénieurs du contrôle.

Lorsqu'il se produira un fait de nature à donner ouverture à l'action publique, et, en tout cas, s'il y a mort ou blessures, le procureur de la République en sera immédiatement avisé par la voie la plus rapide.

Règlements de police et d'exploitation.

ART. 56. — Le concessionnaire est tenu, ainsi que le public, de se conformer aux prescriptions des arrêtés qui sont pris par les préfets pour l'exécution des dispositions qui précèdent.

Toutes les dépenses qu'entraîne l'exécution de ces prescriptions sont à la charge du concessionnaire.

Le concessionnaire doit soumettre les règlements de service intérieur relatifs à l'exploitation de la voie ferrée à l'approbation du préfet qui prescrit les modifications qu'il juge nécessaires, sur l'avis du service du contrôle.

Les règlement dont il s'agit sont obligatoires, non seulement pour le concessionnaire, mais encore pour tous ceux qui obtiendront ultérieurement l'autorisation d'établir des lignes ferrées d'embranchement ou de prolongement et, en général, pour toutes les personnes qui emprunteront l'usage du chemin de fer.

Mesures concernant la protection de la voie et la liberté
de la circulation.

ART. 57. — Il est défendu à toute personne étrangère au service de la voie ferrée :

1° De déranger, altérer ou modifier, sous quelque prétexte que ce soit, la voie ferrée et les ouvrages qui en dépendent et de manœuvrer les appareils qui ne sont pas à la disposition du public ;

2° De jeter ou déposer sur la voie ferrée aucuns matériaux ni objets quelconques ;

3° D'emprunter les rails de la voie ferrée pour la circulation des voitures étrangères au service ;

4° De pénétrer sans y être autorisée régulièrement dans les parties de la voie ferrée qui ne sont pas affectées à la circulation publique, d'y introduire ou laisser introduire des animaux dont elle est responsable, d'y faire circuler ou stationner aucun véhicule étranger au service ;

5° De laisser stationner sur les partie de la voie publique occupée par le tramway des voitures ou des animaux non gardés.

Tout piéton et tout conducteur de véhicules quelconques doit, à l'approche d'un train ou d'une voiture appartenant au service de la voie ferrée, prendre en main les guides ou le cordeau de son équipage, de façon à se rendre maître de ses chevaux, dégager immédiatement la voie et s'en écarter de manière à livrer toute la largeur nécessaire au passage du matériel de la voie ferrée.

Tout conducteur de troupeaux ou d'animaux doit les écarter de la voie ferrée à l'approche d'un train ou d'une voiture appartenant au service de cette voie.

Mesures concernant les voyageurs.

ART. 58. — Il interdit aux voyageurs :

1° D'entrer dans les voitures ou d'en sortir pendant la marche et autrement que par les accès réservés à cet effet ;

2° De passer d'une voiture dans une autre autrement que par les passages disposés à cet effet, de se pencher au dehors, d'occuper un emplacement non destiné aux voyageurs, de rester debout sur les impériales pendant la marche.

Il est défendu de fumer dans les salles d'attente ainsi que dans les compartiments fermés des voitures, exception faite des compartiments portant la plaque indicatrice « fumeurs ».

Le préfet détermine, sur l'avis du service du contrôle et le concessionnaire entendu, les mesures auxquelles les voyageurs doivent se conformer à la réquisition des agents du concessionnaire pour permettre la perception et le contrôle des taxes. Il peut interdire l'accès des voitures aux personnes qui ne sont pas munies de billets.

Limitation du nombre des voyageurs.

ART. 59. — Il est interdit d'admettre dans les voitures plus de voyageurs que ne le comporte le nombre de places indiqué dans chaque compartiment.

Interdiction de l'accès des voitures à voyageurs.

ART. 60. — L'entrée des voitures est interdite :
1° A toute personne en état d'ivresse ;
2° A tous individus porteurs d'armes à feu chargées ou de paquets qui, par leur nature, leur volume ou leur odeur, pourraient gêner ou incommoder les voyageurs.

Expédition des matières dangereuses ou infectes.

ART. 61. — Les personnes qui veulent expédier des marchandises classées comme dangereuses ou infectes par les règlements en vigueur doivent en faire la déclaration formelle au moment où elles les livrent au service de la voie ferrée et se conformer à toutes les prescriptions desdits règlements en ce qui concerne le conditionnement, l'emballage et la marque des colis.

Transports des animaux.

ART. 62. — Aucun animal n'est admis dans les voitures servant au transport des voyageurs ; toutefois, des exceptions peuvent être autorisées pour des animaux de petite taille convenablement enfermés ; en outre, le concessionnaire peut, si les dispositions du train le permettent, placer dans des compartiments spéciaux les voyageurs qui ne voudraient pas se séparer de leurs chiens, pourvu que ces animaux soient muselés, en quelque saison que ce soit.

TITRE VIII

CONDITIONS IMPOSÉES A TOUTES LES CONCESSIONS

Interruption de l'exploitation et déchéance.

ART. 63. — Si l'exploitation de la voie ferrée vient à être interrompue en totalité ou en partie ou si la sécurité publique vient à être compromise, soit par le mauvais état de la voie ou du matériel roulant, soit par le mauvais entretien de la partie de la route dont le concessionnaire doit prendre soin, le préfet prend immédiatement, aux frais et risques du concessionnaire, les mesures nécessaires pour reprendre le service et assurer la sécurité de la circulation. Si, à l'expiration du délai imparti, l'exploitation n'a pas été reprise dans des conditions permettant de la continuer sans que la sécurité du public soit compromise, le ministre peut prononcer la déchéance, après avis du conseil général ou du conseil municipal, si la concession a été faite ou rétrocédée par le département ou la commune, et sauf recours au conseil d'État par la voie contentieuse.

Il est pourvu tant à la continuation et à l'achèvement des travaux qu'à l'exécution des autres engagements contractés par le concessionnaire, au moyen d'une adjudication qui sera ouverte sur une mise à prix des projets, des terrains acquis, des travaux exécutés, des matériaux approvisionnés en vue de la construction et de l'exploitation des lignes, du matériel roulant et des autres objets mobiliers, ainsi que des parties de la voie ferrée déjà livrée à l'exploitation.

Cette mise à prix est fixée par le ministre des Travaux publics, sur la proposition du préfet, le concessionnaire entendu. Celui-ci reçoit notification de la proposition du préfet et il a un délai de quinze jours pour présenter ses observations, à peine de forclusion.

Nul n'est admis à concourir à cette adjudication s'il n'a été préalablement agréé par le préfet, sauf recours du concessionnaire déchu au ministre des Travaux publics.

A cet effet, les personnes qui veulent concourir sont tenues de déclarer, dans le délai qui sera fixé, leur intention par un écrit déposé à la préfecture et accompagné des pièces propres à justifier des ressources nécessaires pour remplir les engagements à contracter.

Ces pièces sont examinées par le préfet en conseil de préfecture. Chaque soumissionnaire est informé de la décision prise en ce qui le concerne et, s'il y a lieu, du jour de l'adjudication.

Les personnes qui ont été admises à concourir doivent faire, soit à la caisse des dépôts et consignations, soit à la caisse du trésorier payeur général du département, le dépôt de garantie, qui doit être égal au moins au trentième de la dépense à faire par le concessionnaire.

L'adjudication a lieu suivant les formes indiquées aux articles 11, 12, 13, 15 et 16 de l'ordonnance royale du 10 mai 1829.

Les soumissions ne peuvent pas être inférieures à la mise à prix.

L'adjudicataire est substitué aux charges et aux droits du concessionnaire évincé ; il reçoit notamment les subventions de toute nature à échoir aux termes de l'acte de concession ; le concessionnaire évincé reçoit de lui le prix que la nouvelle adjudication a fixé.

La partie du cautionnement qui n'a pas encore été restituée devient la propriété de l'autorité qui a fait la concession.

Si l'adjudication ouverte n'amène aucun résultat, une seconde adjudication est tentée après un délai de trois mois. Cette fois, les soumissions pourront être inférieures à la mise à prix. Si cette seconde tentative reste également sans résultat, le concessionnaire sera définitivement déchu de tous droits et alors les projets, les terrains acquis, les travaux exécutés, les matériaux approvisionnés en vue de la construction et de l'exploitation des lignes, le matériel roulant et les autres objets mobiliers ainsi que les parties de voies ferrées déjà livrées à l'exploitation appartiendront à l'autorité qui a fait la concession.

Lorsque la concession a été faite à un département ou à une commune qui l'a rétrocédée, en cas d'inexécution des engagements du rétrocessionnaire, la déchéance est poursuivie contre celui-ci, s'il y a lieu, conformément aux dispositions ci-dessus, la partie non restituée du cautionnement versé par lui devient la propriété de l'autorité rétrocédante. Dans le cas où les deux adjudications prévues au présent article sont restées sans résultat, un délai est imparti par le ministre des Travaux publics à l'autorité de qui émanait la rétrocession pour faire connaître quelles mesures elle entend prendre afin d'assurer l'exploitation du tramway, en prenant possession des objets et installations énumérés au paragraphe précédent. Faute par elle d'avoir justifié de l'efficacité de ces mesures dans les délais impartis, la déchéance est prononcée contre elle, et lesdits objets et installations appartiennent à l'autorité qui a fait la concession, sans autre formalité, sauf recours au conseil d'Etat par la voie contentieuse.

Construction de nouvelles voies de communication.

Art. 64. — Dans le cas où le Gouvernement ordonne ou autorise la construction des routes nationales, départementales ou vicinales, de nouvelles voies ferrées ou de canaux qui traversent une ligne concédée, ou l'installation de communications télégraphiques ou téléphoniques qui obligent à modifier les transmissions d'énergie établies en vue de la traction électrique, le concessionnaire ne peut s'opposer à ces travaux ; mais toutes les dispositions necessaires sont prises pour qu'il n'en résulte aucun obstacle à la construction ou au service de la voie ferrée, ni aucuns frais pour le concessionnaire.

Concessions ultérieures de nouvelles lignes.

Art. 65. — Toute exécution ou autorisation ultérieure de route, de canal, de chemin de fer, de travaux de navigation dans la contrée où est située une voie ferrée qui a fait l'objet d'une concession, ou dans toute autre contrée voisine ou éloignée, ne peut donner ouverture à aucune demande d'indemnité de la part du concessionnaire.

Retrait d'autorisation.

Art. 66. — L'autorisation d'établir ou de maintenir une voie ferrée sur le sol des voies publiques peut être retirée à toute époque, en totalité ou en partie, dans les formes suivies pour la concession, lorsque la nécessité en a été reconnue dans l'intérêt public par le Gouvernement après une enquête dans les formes réglées par le décret du 18 mai 1881 ; le tout sous réserve de l'application des articles 6 et 11 de la loi du 11 juin 1880.

Réserves sous lesquelles le concessionnaire est admis
à emprunter le sol des voies publiques.

Art. 67. — Le commissionnaire n'est admis à réclamer aucune indemnité :

Ni à raison des dommages que le roulage ordinaire pourrait occasionner aux ouvrages de la voie ferrée ;

Ni à raison de l'état de la chaussée et des conséquences qui pourraient en résulter pour l'état et l'entretien de la voie ;

Ni enfin pour une cause quelconque résultant de l'usage de la voie publique.

Les indemnités dues à des tiers pour des dommages pouvant résulter de la construction ou de l'exploitation de la voie ferrée sont entièrement à la charge du concessionnaire.

Réserves sous lesquelles le concessionnaire est admis
à emprunter le sol des voies publiques.

Art. 68. — En cas d'interruption de la voie ferrée par suite de travaux exécutés sur la voie publique, le concessionnaire peut être tenu de rétablir provisoirement les communications, soit en déplaçant momentanément ses voies, soit en employant pour la traversée de l'obstacle des voitures ordinaires qui puissent le tourner en suivant d'autres lignes.

Concessions de voies de fer d'embranchement
et de prolongement.

Art. 69. — Le Gouvernement, le département et les communes ont le droit de concéder de nouvelles voies de fer s'embranchant sur une voie ferrée déjà concédée, ou à établir en prolongement de la même voie.

Le concessionnaire de la ligne principale ne peut s'opposer à l'exécution de ces embranchements, ni réclamer, à l'occasion de leur établissement, une indemnité quelconque, pourvu qu'il n'en résulte aucun obstacle à la circulation ni aucuns frais particuliers pour son entreprise.

Les concessionnaires des voies de fer d'embranchement ou de prolongement ont la faculté, moyennant l'observation du paragraphe 1er de l'article 20 du présent règlement et des règlements de police et de service qui régissent la ligne principale, et moyennant les tarifs du cahier des charges de cette dernière ligne, de faire circuler leurs voitures, wagons et machines sur la ligne principale. Cette faculté est réciproque à l'égard desdits embranchements et prolongements.

Dans le cas où les divers concessionnaires ne peuvent s'entendre sur l'exercice de cette faculté, le ministre des Travaux publics statue sur les difficultés qui s'élèvent entre eux à cet égard.

Le concessionnaire d'une voie ferrée ne peut toutefois être tenu d'admettre sur ses rails un matériel dont le poids serait hors de proportion avec les éléments constitutifs de ses voies.

Dans le cas où un concessionnaire d'embranchement ou de prolongement joignant la ligne principale n'use pas de la faculté de circuler sur cette ligne comme aussi dans le cas où le concessionnaire de cette dernière ligne ne veut pas circuler sur les prolongements et embranchements, ces concessionnaires sont tenus de s'arranger entre eux de manière que le service de transport ne soit jamais interrompu aux points de jonction des diverses lignes.

Celui des concessionnaires qui se sert d'un matériel qui n'est pas sa propriété paye une indemnité en rapport avec l'usage et la détérioration de ce matériel. Dans le cas où les concessionnaires ne se mettent pas d'accord sur la quotité de l'indemnité ou sur les moyens d'assurer la continuation du service sur toute la ligne, l'administration y pourvoit d'office et prescrit toutes les mesures nécessaires.

Gares communes.

Le concessionnaire est tenu, si l'autorité supérieure le juge convenable, de partager l'usage des stations établies à l'origine des voies de fer d'embranchement avec les compagnies qui deviendraient concessionnaires desdits embranchements.

Il est fait un partage équitable des frais résultant de l'usage commun desdites gare et les sommes à payer par les compagnies nouvelles sont, en cas de dissentiment, réglées par voie d'arbitrage.

En cas de désaccord sur le principe ou l'exercice de l'usage commun des gares, il est statué par le ministre des Travaux publics, les concessionnaires entendus.

Toutefois le préfet statue s'il s'agit de deux lignes concédées par le département ou par les communes du même département.

Le concessionnaire est tenu de se conformer à toutes les mesures qui pourront lui être prescrites par l'administration en vue d'établir des moyens de transbordement commodes pour les marchandises dans toutes les gares de raccordement avec une autre voie ferrée.

Embranchements industriels.

Art. 70. — Le concessionnaire de toute voie ferrée affectée au service des marchandises est tenu de s'entendre avec tout propriétaire de carrières, de mines ou d'usines, avec tout propriétaire ou concessionnaire de magasins généraux et avec tout concessionnaire de l'outillage des ports maritimes ou de navigation intérieure, qui, offrant de se soumettre aux conditions prescrites ci-après, demande un embranchement; à défaut d'accord, le préfet statue sur la demande, le concessionnaire entendu.

Les embranchements sont construits aux frais des propriétaires de carrières, de mines ou d'usines, des propriétaires ou concessionnaires de magasins généraux ou des concessionnaires de l'outillage des ports maritimes ou de navigation intérieure, et de manière qu'il ne résulte de leur établissement aucune entrave à la circulation générale, aucune cause d'avarie pour le matériel, ni aucuns frais particuliers pour le service de la ligne principale.

Leur entretien est fait avec soin, aux frais de leurs propriétaires et sous le contrôle du préfet. Le concessionnaire a le droit de faire surveiller par ses agents cet entretien, ainsi que l'emploi de son matériel sur les embranchements.

Le préfet peut, à toute époque, prescrire les modifications qui sont jugées utiles dans la soudure, le tracé ou l'établissement de la voie desdits embranchements, et les changements sont opérés aux frais des propriétaires.

Le préfet peut même, après avoir entendu les propriétaires, ordonner l'enlèvement temporaire des aiguilles de soudure, dans le cas où les établissements embranchés viendraient à suspendre en tout ou en partie leurs transports.

Le concessionnaire est tenu d'envoyer ses wagons sur tous les embranchements autorisés, destinés à faire communiquer des établissements de carrières, de mines ou d'usines, de magasins généraux ou d'outillage des ports maritimes ou de navigation intérieure avec la ligne principale.

Le concessionnaire amène ses wagons à l'entrée des embranchements.

Les expéditeurs ou destinataires font conduire les wagons dans leurs établissements pour les charger ou décharger, et les ramènent au point de jonction avec la ligne principale, le tout à leurs frais.

Les wagons ne peuvent d'ailleurs être employés qu'au transport d'objets et marchandises destinés à la ligne principale.

Le temps pendant lequel les wagons séjournent sur les embranchements particuliers ne peut excéder six heures, lorsque l'embranchement n'a pas plus d'un kilomètre. Ce temps est augmenté d'une demi-heure par kilomètre en sus du premier, non compris les heures de la nuit, depuis le coucher jusqu'au lever du soleil.

Dans le cas où les limites de temps sont dépassées nonobstant l'avertissement spécial donné par le concessionnaire, il peut exiger une indemnité égale à la valeur du droit de loyer des wagons, pour chaque période de retard après l'avertissement.

S'il est jugé nécessaire par le préfet, statuant sur l'avis du service du contrôle, d'établir un gardien aux aiguilles d'un embranchement industriel, le traitement de cet agent est à la charge du propriétaire de l'embranchement ; mais il est nommé et payé par le concessionnaire.

En cas de difficulté, il est statué par l'administration, le concessionnaire entendu.

Les propriétaires d'embranchements sont responsables des avaries que le matériel peut éprouver pendant son parcours ou son séjour sur ces lignes.

Dans le cas d'inexécution ou d'une ou de plusieurs des conditions énoncées ci-dessus, le préfet peut, sur la plainte du concessionnaire et après avoir entendu le propriétaire de l'embranchement, ordonner par un arrêté la suspension du service et faire supprimer la soudure, sauf recours à l'administration supérieure et sans préjudice de tous dommages-intérêts que le concessionnaire serait en droit de répéter pour la non-exécution de ces conditions.

Le concessionnaire est indemnisé de la fourniture et de l'envoi de son matériel sur les embranchements par la perception du tarif qui est fixé par son cahier des charges pour chaque kilomètre parcouru.

Tout kilomètre entamé est payé comme s'il avait été parcouru en entier.

Le chargement et le déchargement sur les embranchements s'opèrent aux frais des expéditeurs ou destinataires, soit qu'ils les fassent eux-mêmes, soit que la compagnie du tramway consente à les opérer.

Dans ce dernier cas, ces frais sont l'objet d'un règlement arrêté par le préfet, sur la proposition du concessionnaire.

Tout wagon envoyé par le concessionnaire sur un embranchement doit être payé comme wagon complet, lors même qu'il ne serait pas complètement chargé.

La surcharge, s'il y en a, est payée au prix du tarif légal et au prorata du poids réel. Le concessionnaire est en droit de refuser les chargements qui dépasseraient le maximum déterminé par son cahier des charges.

Ce maximum sera revisé par le préfet de manière à être toujours en rapport avec la capacité des wagons.

Les wagons sont pesés à la station d'arrivée par les soins et aux frais du concessionnaire.

Contributions foncières.

ART. 71. — La contribution foncière pour les dépendances situées en dehors de l'assiette des routes, chemins et autres voies publiques est établie en raison de la surface occupée par ces dépendances ; la cote en est calculée, comme pour les canaux, conformément à la loi du 25 avril 1803.

Les bâtiments et magasins dépendant de l'exploitation de la voie ferrée sont assimilés aux propriétés bâties de la localité. Toutes les contributions auxquelles ces édifices peuvent être soumis sont, aussi bien que la contribution foncière, à la charge du concessionnaire.

Agents du concessionnaire.

ART. 72. — Les agents et gardes que le concessionnaire établit, soit pour la perception des droits, soit pour la surveillance et la police de la voie de fer et de ses dépendances, peuvent être assermentés et sont, dans ce cas, assimulés aux gardes champêtres. Ces agents sont revêtus d'un uniforme ou sont porteurs d'un signe distinctif.

Comptes rendus statistiques annuels et trimestriels.

Art. 73. — Tout concessionnaire doit adresser, chaque année, au préfet, des états statistiques conformes aux modèles qui seront arrêtés par le ministre des Travaux publics et qui comprennent les renseignements relatifs à l'année entière (du 1er janvier au 31 décembre).

Cet envoi est fait le 15 avril de chaque année au plus tard. Les renseignements fournis par le concessionnaire peuvent être publiés.

Indépendamment de ces états annuels, le compte rendu des résultats de l'exploitation, comprenant les dépenses d'établissement et d'exploitation et les recettes brutes, est remis au préfet dans le mois qui suit l'expiration de chaque trimestre. Ce compte rendu est dressé en trois expéditions, destinées au préfet, au représentant de l'autorité qui a donné la concession et au ministre des Travaux publics ; il est publié, au moins par extraits, dans le *Journal officiel*, conformément aux prescriptions de l'article 19 de la loi du 11 juin 1880.

Frais de contrôle.

Art. 74. — Les frais de visite, de surveillance et de réception des travaux et les frais de contrôle de l'exploitation sont supportés par le concessionnaire.

Afin de pourvoir à ces frais, le concessionnaire est tenu de verser chaque année à l'autorité concédante la somme fixée dans le cahier des charges de la concession. Le versement est fait à la caisse centrale du trésorier payeur général du département, si la concession est faite par l'Etat ou par le département, et à celle du receveur municipal, si elle est faite par une commune.

Si la somme ci-dessus réglée n'est pas versée aux époques fixées, elle est recouvrée au moyen d'états exécutoires dressés par le ministre, le préfet ou le maire, suivant que la concession est faite par l'Etat, le département ou la commune.

TITRE IX
DISPOSITIONS DIVERSES

Propositions du concessionnaire.

ART. 75. — Dans tous les cas où, conformément aux dispositions du présent règlement, le ministre ou le préfet doit statuer sur la proposition d'un concessionnaire, celui-ci est tenu de lui soumettre cette proposition dans le délai qui a été déterminé, faute de quoi le ministre ou le préfet peut statuer directement.

Si le ministre ou le préfet pense qu'il y a lieu de modifier la proposition du concessionnaire, il doit, sauf le cas d'urgence, entendre celui-ci avant de prescrire les modifications dont il s'agit.

Attributions du préfet de police.

ART. 76. — Dans l'étendue du ressort de la préfecture de police, les attributions données aux préfets par les titres II à VII du présent règlement sont exercées par le préfet de police.

Les attributions données aux préfets par les titres Ier et VIII et toutes celles qui concernent l'exécution des contrats de concession sont exercées par le préfet de la Seine ou de Seine-et-Oise.

Registre des réclamations.

ART. 77. — Il est tenu dans chaque station et dans chaque bureau d'attente un registre coté et paraphé par le maire de la commune, lequel est destiné à recevoir les réclamations des personnes (voyageurs ou autres) qui auraient des plaintes à formuler, soit contre le concessionnaire, soit contre ses agents et les résultats de l'instruction faite par le contrôle.

Ce registre est présenté à toute réquisition du public ; il est communiqué sur place aux agents du service du contrôle.

Dès qu'une plainte est inscrite sur le registre, le concessionnaire doit en aviser le directeur du contrôle.

Affichage et publication du présent règlement.

ART. 78. — Des exemplaires du présent règlement, ainsi que des extraits des règlements auxquels il se réfère, sont constamment tenus à la disposition du public, par les soins du concessionnaire, dans les gares pourvues d'un personnel permanent. Des affiches apposées dans ces gares en informent le public.

Le conducteur ou receveur de toute voiture, le conducteur principal de tout train en marche sont munis d'un exemplaire du règlement. Des extraits sont délivrés, chacun pour ce qui le concerne, aux cochers, receveurs, mécaniciens, chauffeurs, gardes-freins et autres agents employés sur la voie ferrée.

Des extraits en ce qui concerne les règles à observer par les voyageurs pendant le trajet sont placés dans chaque caisse de voiture.

Constatation et poursuite de contraventions.

Art. 79. — Sont constatées, poursuivies et réprimées conformément aux dispositions de la loi du 15 juillet 1845, qui ont été rendues applicables aux tramways par l'article 37 de la loi du 11 juin 1880, les contraventions au présent règlement, aux décisions ministérielles et aux arrêtés pris par le préfet pour l'exécution de ce règlement.

Application du règlement aux chemins de fer d'intérêt local.

Art. 80. — Les dispositions du présent règlement sont applicables aux chemins de fer d'intérêt local sur les sections où ces chemins de fer empruntent le sol des voies publiques, sans préjudice de l'application de l'ordonnance du 15 novembre 1846, modifiée par le décret du 1er mars 1901.

Abrogation des décrets antérieurs.

Art. 81. — Les décrets des 6 août 1881, 30 janvier 1894, 3 août 1898, 25 juillet 1899, ainsi que l'article 1er, paragraphe 1, et l'article 2 du décret du 13 février 1900, sont abrogés.

Exécution du présent décret.

Art. 82. — Le ministre des Travaux publics et des Postes et Télégraphes est chargé de l'exécution du présent décret, qui sera inséré au *Bulletin des lois* et publié au *Journal officiel*.

Fait à Paris, le 16 juillet 1907.

A. FALLIÈRES.

Par le Président de la République :

Le ministre des Travaux publics,
des Postes et des Télégraphes,
Louis Barthou.

Ce livre appartient à M.

demeurant à

rue

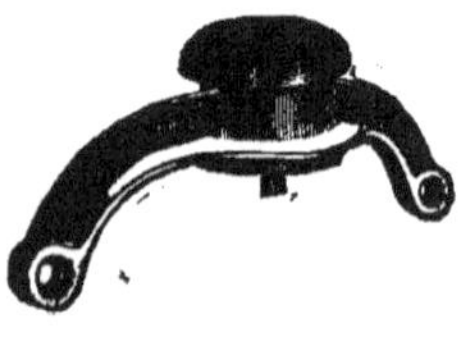

TABLE DES MATIÈRES

DEUXIÈME PARTIE
Matériel électrique.

TROISIÈME PARTIE
Entretien du matériel.

QUATRIÈME PARTIE
Ateliers et dépôts.

CINQUIÈME PARTIE
Lignes aériennes.

SIXIÈME PARTIE
Voies.

SEPTIÈME PARTIE
Exploitation.

ANNEXES